Paris
1847

Laurent, Auguste

Précis de cristallographie suivi d'une méthode simple d'analyse au chalumeau

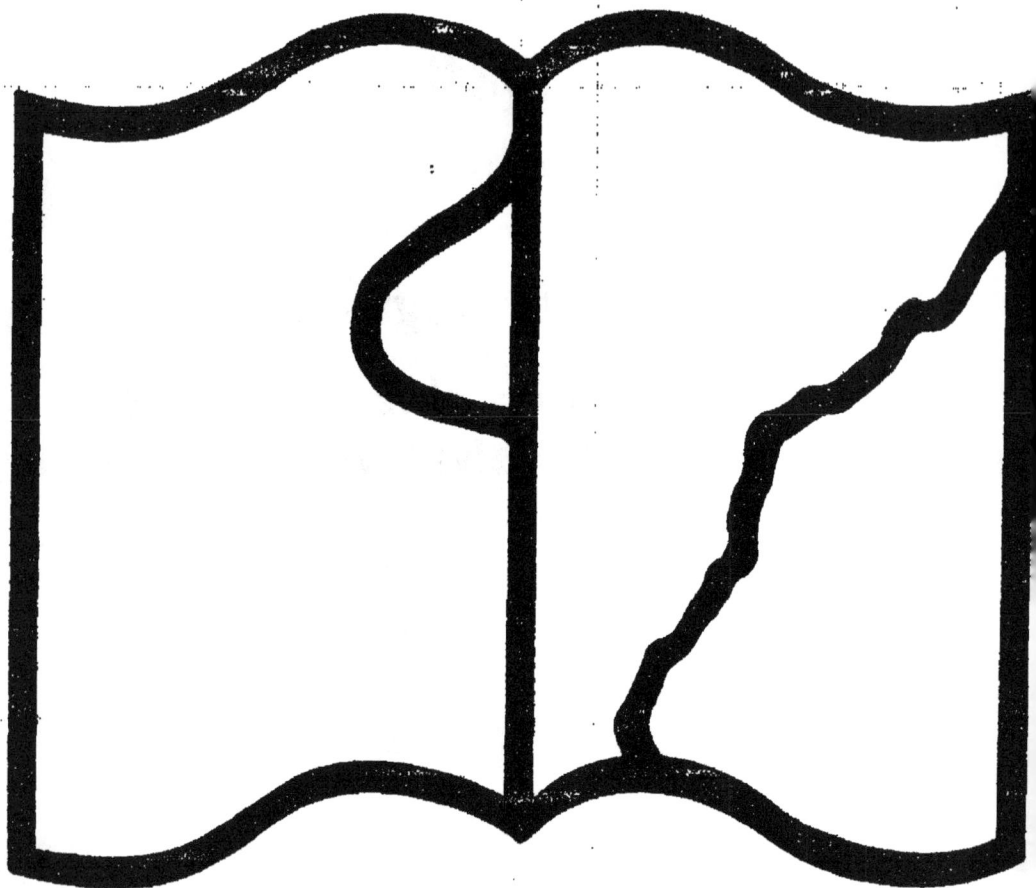

**Symbole applicable
pour tout, ou partie
des documents microfilmés**

Texte détérioré — reliure défectueuse

NF Z 43-120-11

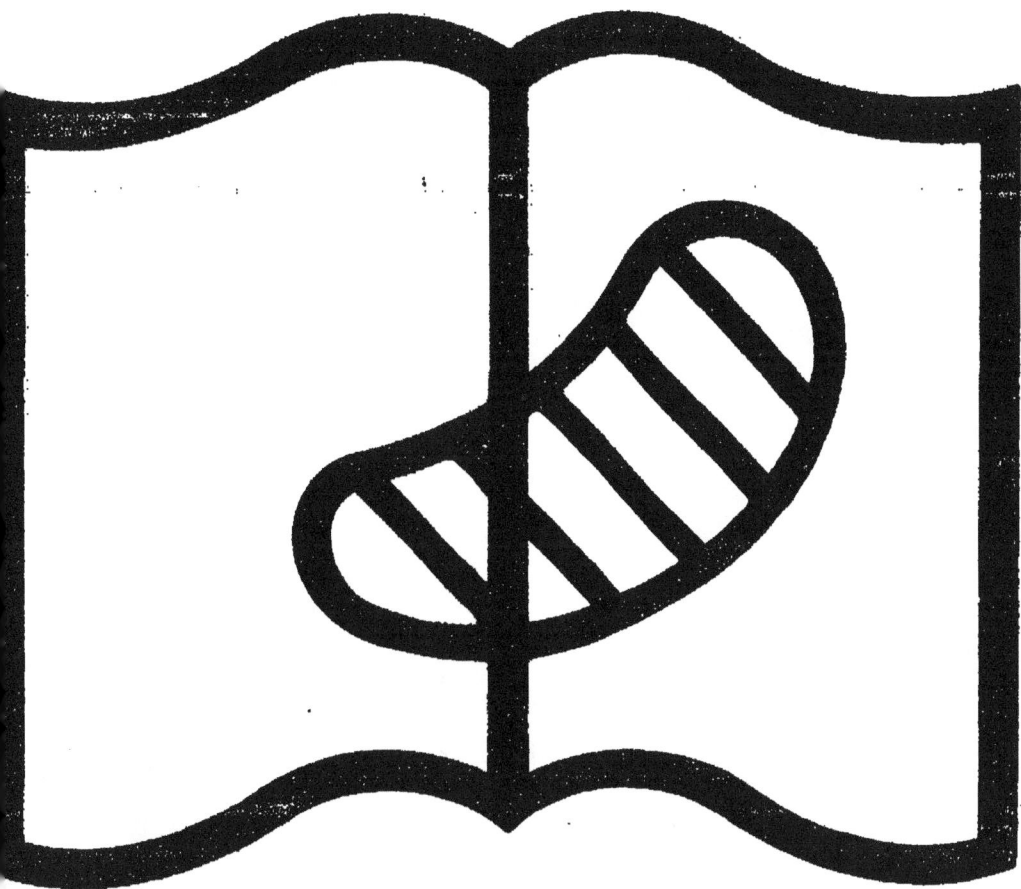

Symbole applicable
pour tout, ou partie
des documents microfilmés

Original illisible

NF Z 43-120-10

S

PRÉCIS

DE

CRISTALLOGRAPHIE

DE L'IMPRIMERIE DE CRAPELET

RUE DE VAUGIRARD, 9

PRÉCIS

DE

CRISTALLOGRAPHIE

SUIVI

D'UNE MÉTHODE SIMPLE

D'ANALYSE AU CHALUMEAU

D'APRÈS DES LEÇONS PARTICULIÈRES

DE M. LAURENT

PROFESSEUR DE CHIMIE A LA FACULTÉ DES SCIENCES DE BORDEAUX

Avec 175 figures dans le texte

PARIS

VICTOR MASSON

LIBRAIRE DES SOCIÉTÉS SAVANTES PRÈS LE MINISTÈRE DE L'INSTRUCTION PUBLIQUE

4, PLACE DE L'ÉCOLE-DE-MÉDECINE

Même maison, chez C. Michelsen, à Leipzig

—

1847

AVANT-PROPOS.

Le but que nous nous sommes proposé en publiant ce petit traité, a été de faciliter l'étude de la cristallographie, et de répandre l'emploi du chalumeau, dont l'usage est un peu trop négligé en France.

La méthode que nous avons suivie est précisément celle dont M. Laurent s'est servi dans un cours de minéralogie qu'il fit il y a quelque temps à un petit nombre d'élèves. Notre opuscule est un résumé exact des leçons de M. Laurent, et nous le publions avec son approbation.

MM. Rousseau frères, fabricants de produits chimiques, rue de l'École-de-Médecine, 9, ont, à notre demande, réuni dans un nécessaire très-portatif et du prix de 38 fr., tous les instruments et tous les réactifs nécessaires pour les analyses au chalumeau.

X.

PRÉCIS

DE

CRISTALLOGRAPHIE.

Lorsque les corps liquides ou gazeux passent, avec une lenteur convenable, à l'état solide, ils prennent ordinairement des formes polyédriques très-régulières auxquelles on donne le nom de *cristaux*.

La science qui a pour objet l'étude de ces différentes formes et des lois auxquelles elles sont soumises se nomme Cristallographie.

Depuis un temps immémorial, on a remarqué que certains minéraux se présentent avec des formes régulières; celles du cristal de roche, du diamant, etc., avaient excité l'admiration des anciens. Mais, jusqu'au milieu du siècle dernier, elles furent regardées comme des accidents ou des jeux de la nature. Ce fut Linné qui, le premier, fit remarquer que, loin d'être dues au hasard, elles étaient tellement constantes qu'elles pourraient un jour servir à caractériser les minéraux; mais il n'en connut qu'un petit nombre, et ne les considéra pas sous un point de vue qui fît avancer leur étude.

C'est à Romé de Lisle, minéralogiste français, qu'on doit le premier travail sur ce sujet. Il rassembla un grand nombre de cristaux, mesura leurs angles, et reconnut qu'ils étaient constants pour une même espèce minéralogique. En comparant entre elles les formes les plus disparates qu'un même corps peut affecter, il fit voir qu'elles dépendaient toutes les unes des autres par un mode de dérivation très-simple. Mais c'est Haüy que l'on doit regarder comme le créateur de cette science. Aux observations faites jusqu'à lui, il en ajouta un grand nombre d'autres, et il parvint à les formuler par une loi mathématique d'une simplicité remarquable. Il donna en même temps la théorie de la formation des cristaux et de leurs changements de forme. Depuis ce savant, on n'a ajouté que peu de chose à la cristallographie.

Dans les corps organisés, les formes semblent avoir été définitivement arrêtées par la nature, chaque espèce en possède une qui lui est propre. Les minéraux paraissent, au premier coup d'œil, se soustraire à cette loi ; chaque espèce se présente, en effet, tantôt sous une forme, tantôt sous une autre, et néanmoins toutes ces formes diverses servent à la caractériser. Cependant si on présentait à quelqu'un les divers échantillons de carbonate de chaux recueillis dans les différentes mines du globe, il serait frappé de la multitude de figures variées qui s'offriraient à ses regards, et il ne penserait certainement pas qu'elles peuvent servir à distinguer ce minéral des autres, surtout en voyant que certains cristaux de carbonate de chaux ressemblent plus à des cristaux d'autres substances qu'ils ne se ressemblent entre eux. Mais, pour le minéralogiste, ces nombreuses formes ne sont, pour ainsi dire, que des habits variables dans leurs formes extérieures, mais non dans leur caractère, sous lesquels se déguise constamment le même individu.

Nous allons examiner successivement la manière dont les cristaux s'accroissent, la cause de leurs changements de formes, les lois auxquelles ils sont soumis, les différentes modifications qu'ils éprouvent par le choc, la chaleur, l'électricité et celles qu'ils font subir à la lumière.

Désirant donner dans cet opuscule, dont l'étendue est limitée, une idée suffisante de la cristallographie, nous admettrons, pour plus de concision, quelques hypothèses très-simples que nous examinerons plus tard, mais sur lesquelles nous appuierons d'abord nos démonstrations.

1° Tous les corps solides sont formés par la réunion de molécules juxtaposées.

2° Ces molécules sont semblables entre elles dans un même corps, mais différentes de celles d'un autre corps.

3° Les molécules ont des formes polyédriques, les plus simples que l'on puisse concevoir ; le tétraèdre (ou pyramide à trois faces) et les prismes à 3 et à 4 pans.

4° Ces formes diffèrent entre elles, dans les différents corps, par les dimensions relatives de leurs arêtes et par la valeur de leurs angles.

5° Toutes les molécules sont douées de forces attractives dont les résultantes se confondent avec les axes ou lignes qui traversent symétriquement ces molécules.

6° L'intensité de ces forces varie par l'influence de causes extérieures, telles que la chaleur, l'électricité, la pression, la présence de corps étrangers, la nature du dissolvant, etc.

Nous établirons toutes nos démonstrations sur les molécules parallélipipédiques ou prismes à 4 pans ; nous ferons voir ensuite comment elles peuvent s'appliquer aux tétraèdres et aux prismes à 3 pans.

Examinons ce qui doit arriver à de telles molécules lorsqu'elles passent de l'état fluide à l'état solide.

Dans les fluides, l'adhésion étant détruite par le calorique ou par un dissolvant, les molécules sont libres et elles peuvent tourner sur elles-mêmes. Si on vient à diminuer le calorique ou la quantité du dissolvant, ces molécules obéiront à leur attraction réciproque et donneront naissance à un corps solide en se juxtaposant. Supposons donc qu'une première molécule *a* (fig. 1) se dépose sur un support quelconque placé au milieu du liquide, par exemple, sur l'extrémité d'un fil qui y serait suspendu. Soient *b*, *c*, *d*, *e* plusieurs autres molécules libres ou fluides placées autour de la première;

Fig. 1.

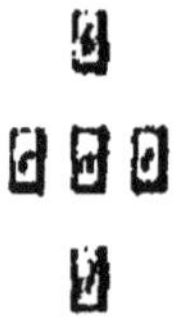

la cause dissolvante venant à diminuer, ces molécules se déposeront à leur tour, mais non dans un lieu quelconque : attirées par la molécule *a*, elles lui présenteront leurs faces homologues et se déposeront régulièrement sur elle. Il en sera de même de deux autres molécules, non représentées dans la figure, l'une en avant, l'autre en arrière, et l'on aura un petit solide B (fig. 2)

Fig. 2 et 3.

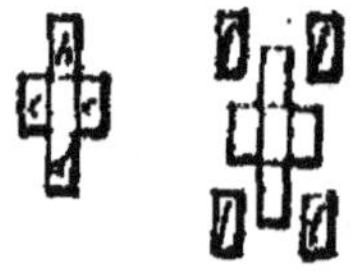

composé de 7 molécules. Soient *f*, *f* (fig. 3) d'autres molécules voisines du groupe B; elles seront attirées par les molécules qui le composent et se disposeront régulièrement dans les angles rentrants, en formant un nouveau solide C (fig. 4) composé,

Fig. 4.

dans un plan, de 9 molécules, et en tout de 27; d'autres molécules libres *b*, *c*, *d* (fig. 4) se déposeront à leur tour, en formant un nouveau solide semblable au précédent, mais plus grand et renfermant 25 molécules dans un plan, et 125 en tout. L'accroissement se fera continuellement de la même manière, par juxtaposition régulière des molécules, sans que rien limite cet accroissement. Si l'on arrête la cristallisation dans un moment quelconque, on aura un cristal renfermant toujours un

nombre cubique de molécules 1, 27, 125, 343, et ces
nombres seront les cubes des nombres impairs 1, 3, 5, 7;
la réunion symétrique de ces molécules ou cristaux élé-
mentaires formera un cristal semblable à la molécule
élémentaire, cristal que nous nommerons *primitif,* ou
forme primitive.

Nous avons tacitement admis que, pendant toute la
durée de l'accroissement du cristal, les forces attractives
des molécules ne changeaient pas. Supposons maintenant
que ces forces diminuent sous l'influence de causes extérieures, telles que la chaleur, la nature du dissolvant,
la présence de corps étrangers, etc., et voyons ce qui
arrivera lorsque les 9 premières molécules seront cristal-
lisées (nous ne nous occuperons que de ce qui a lieu dans
un plan, car le raisonnement serait le même pour les
plans antérieurs et postérieurs). Soient b, c, d (fig. 4) des
molécules libres placées autour du cristal; elles seront
toutes soumises à l'influence attractive des molécules cris-
tallisées, mais toutes ne seront pas également attirées.
La résultante des forces des molécules a,a,a qui attirent b,
est plus grande, vu l'inclinaison, que la résultante des
forces qui attirent c, c et à plus forte raison d, d; admettons
que la différence de ces résultantes soit telle que les 4 molécules b, b, b, b seules se déposent, on aura l'assemblage
représenté (fig. 5). En conti-
nuant le même raisonnement,
on aura la figure 6, et ainsi de
suite. On doit voir que le cristal offrira, dans un moment
quelconque de la cristallisation, un assemblage en losange
différent du précédent (fig. 4)
qui est rectangulaire. L'esca-
lier M o, M o, formé par des

Fig. 5 et 6.

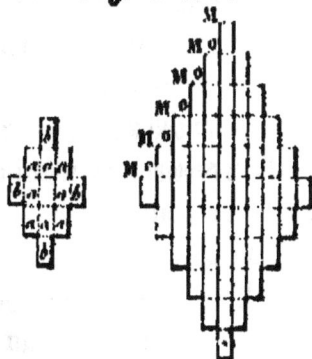

molécules invisibles, est lui-même invisible; on peut donc le considérer comme une ligne droite MM. Nous appellerons *cristal*, ou *forme secondaire*, ou *forme dérivée*, cette figure en losange formée par la réunion de *molécules primitives*.

Supposons que les forces attractives diminuent encore, et soient *aaaaa* (fig. 7) un premier noyau déjà formé, et *d*, *c*, *b*, *c*, *d* des molécules libres placées auprès de sa face supérieure (pour simplifier, nous ne considérerons que ce qui a lieu sur une face du cristal, car le raisonnement serait le même pour les autres), les 5 molécules *d*, *c*, *b*, *c*, *d* sont attirées par la résultante des forces des 5 molécules *a*;

Fig. 7.

mais la molécule *b*, à cause de sa position, est plus fortement attirée que *c*, *c*, et celle-ci plus fortement que *d*, *d*. Admettons, comme précédemment, que la différence de ces résultantes soit telle que la molécule *b* seule puisse se déposer, on aura l'assemblage (fig. 8); en con-

Fig. 8 et 9.

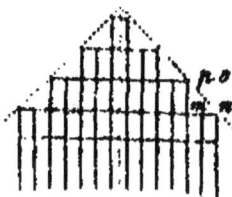

tinuant le même raisonnement, on aura la figure 9, et ainsi de suite. Dans un moment quelconque de la cristallisation, si les forces attractives ne varient pas, on aura un assemblage semblable à celui de la figure 9, mais différent, par l'inclinaison de ses côtés, de celui de la figure 6; nous le nommerons encore cristal secondaire ou dérivé.

Rien ne s'oppose à ce que l'on admette plusieurs autres modes d'accroissement régulier produits par défaut de 1 molécule en hauteur sur 3, 4, 5, 6.... molécules en largeur, ou par 1, 2, 3, 4,... *n* molécules en hauteur, sur 1, 2, 3, 4,... *n'* molécules en largeur, comme dans la figure 10 qui représente un accroissement produit par

3 molécules en largeur sur 2 en hauteur.

Fig. 10.

Nous verrons plus tard que ces accroissements inégaux, auxquels on peut donner le nom de *retraits* ou *décroissements*, se produisent tantôt sur deux ou trois arêtes du solide, tantôt sur toutes les arêtes à la fois. Ils ont également lieu tantôt sur tous les angles solides, tantôt sur quelques-uns seulement. Avec un même corps, ou avec une même molécule primitive dont la forme est invariable, on peut donc obtenir, par des groupements réguliers, une foule de formes dérivées; mais tous ces cristaux dérivés sont liés au cristal primitif par une loi très-simple que nous allons faire connaître.

Dans la figure 6, les côtés du losange sont parallèles aux diagonales du cristal primitif ou aux diagonales de chaque molécule. Dans la figure 9, ils sont parallèles aux diagonales du petit rectangle *mnop* qui manquent dans l'angle rentrant; dans la figure 10, ils sont parallèles aux diagonales du petit rectangle *mnop*.

Si les molécules primitives étaient des prismes obliques comme les représente la figure 11, un des côtés *ab* serait parallèle à la grande diagonale

Fig. 11.

du petit quadrilatère *mnop*, tandis que l'autre côté *ac* serait parallèle à la petite diagonale de ce même quadrilatère, ou à celle du quadrilatère *rrtt* formé par les 3 molécules en largeur et les 2 en hauteur qui manquent dans les angles rentrants.

En un mot, l'inclinaison des côtés d'une forme dérivée sur la base de la forme primitive, est toujours égale à celle que donnent les diagonales des quadrilatères, formées de 1, 2, 3, 4,... *n* molécules en hauteur sur

1, 2, 3, 4,... n' molécules en largeur, avec cette même base ou les côtés de ces quadrilatères.

Si dans la nature on rencontrait des formes dérivées produites par des décroissements très-compliqués de molécules en largeur et en hauteur, il serait impossible de reconnaître si la loi d'inclinaison que nous venons de donner est vraie (loi qui suppose les dimensions relatives de la molécule primitive connues); mais si nous partons de cette idée, que la nature emploie toujours les moyens les plus simples pour produire les effets les plus variés, et si nous supposons qu'il n'existe que des rapports très-simples dans les décroissements, c'est-à-dire que n et n' sont des nombres simples, nous ferons une hypothèse qui a été vérifiée par l'observation.

Ayant fait voir comment les cristaux s'accroissent et changent de forme, nous allons, pour faciliter l'étude de la cristallographie, supposer que les cristaux dérivés se forment d'une manière inverse.

Fig. 12.

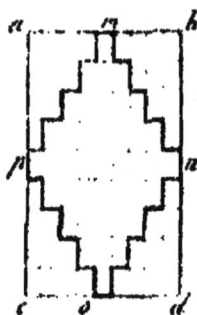

Soit mnop (fig. 12) une forme dérivée rhombe, produite par le décroissement de 1 molécule en hauteur sur 1 en largeur. On arriverait au même résultat (à la même forme) si l'on supposait que le cristal était d'abord rectangulaire abcd, et qu'on a enlevé sur les angles successivement 1 molécule en hauteur sur 1 en largeur; ce serait encore la même chose si l'on disait que la figure mnop a été produite en coupant, tronquant, les angles du rectangle parallèlement à ses diagonales.

Si la molécule primitive était un prisme rhomboïdal, elle pourrait donner un assemblage ou cristal primitif abcd (fig. 13). En tronquant les angles de ce rhombe parallèlement à ses diagonales, on aurait le rectangle

dérivé *mnop*. On peut donc dire indifféremment que le rectangle *mnop* dérive du rhombe *abcd* dont on a tronqué
les angles, ou que celui-ci dérive du rectangle dont on a également tronqué les
angles. Quoique les cristaux ne se forment pas de cette manière (par troncature), nous dirons désormais qu'une
forme dérivée provient de troncatures
faites sur les angles ou les arêtes de la
forme primitive, suivant telle ou telle
inclinaison.

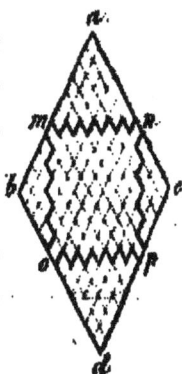

Fig. 13.

Du clivage.

Si les cristaux sont formés, comme nous venons de le
supposer, de molécules juxtaposées symétriquement, nous
pouvons tirer les conséquences suivantes :

1° Si l'on donne au hasard un coup de marteau sur
un cristal quelconque, il devra se diviser suivant les
plans de jonction des molécules, en donnant des fragments terminés par des faces planes et parallèles aux
faces de la forme ou de la molécule primitive ;

2° Quelles que soient les formes des cristaux dérivés,
en eût-on mille différents les uns des autres (d'une même
substance), si on les frappe, ils devront tous se briser en
donnant des fragments toujours semblables à la forme
primitive ; et chacun de ces fragments étant lui-même un
assemblage de molécules primitives, il devra pouvoir se
subdiviser à l'infini, par le choc, en d'autres fragments
toujours semblables à la forme primitive. Ainsi, le cristal
rhomboïdal *mnop* (fig. 12) devra se diviser en rec-
tangles, et le cristal rectangulaire *mnop* d'une autre
substance (fig. 13) devra se subdiviser en rhombes ;

3° Si la forme primitive est un cube, les 6 faces étant

égales, les molécules devront adhérer les unes aux autres avec la même force suivant leurs 6 faces. Il en résulte que, si l'on brise un tel cristal, il devra non-seulement se diviser avec la *même facilité*, suivant 3 directions perpendiculaires entre elles, mais encore il devra offrir des fragments dont les faces auront toutes le même aspect (éclatant, vif, terne, chatoyant, strié, etc.).

Si la forme primitive est un prisme droit à base carrée, le cristal devra se briser de la même manière parallèlement à ses 4 faces verticales, parce qu'elles sont égales, et d'une manière différente (plus facilement ou plus difficilement, avec des faces d'un aspect différent), parallèlement à ses 2 bases; car la résultante des forces attractives (cohésion) qui passe par les 2 bases n'est pas égale à celle des forces attractives qui correspondent aux 4 faces latérales.

En un mot, des cassures égales devront, dans un prisme quelconque, correspondre à des faces égales.

L'expérience confirme toutes ces conclusions, et elle prouve, de plus, ce que nous avons supposé plus haut, que les solides obtenus par la fracture des cristaux sont les plus simples que l'on puisse concevoir, c'est-à-dire des solides à 4, 5 et 6 faces.

Lorsqu'on brise un cristal en le subdivisant en fragments réguliers, on dit qu'on le *clive*, et le solide obtenu par le *clivage* représente la forme primitive.

Cependant toutes les substances ne sont pas susceptibles de se cliver; mais dans ce cas elles offrent le plus souvent des indices de clivage; tel est l'alun, par exemple, qui se brise d'une manière *irrégulière*, mais qui néanmoins offre dans sa cassure des stries qui sont l'indice d'un clivage imparfait.

Quelques substances se clivent très-facilement parallèlement à certaines faces de la forme primitive, et ne se clivent pas suivant les autres; tel est le mica qui cristallise en prisme droit, dont la base est un hexagone régulier. Il se clive avec une merveilleuse facilité parallèlement à sa base, mais ne donne aucun indice de clivage suivant ses 6 pans.

On peut vérifier la loi des clivages sur le gypse et sur la chaux carbonatée, qui est si abondante et se présente sous tant de formes dérivées. Le premier se rencontre en assez grande quantité à Montmartre, et il n'est pas difficile de s'en procurer des cristaux de la grosseur du poing qui se clivent dans trois directions différentes. A l'aide d'un canif, on en détache, dans un sens, avec la plus grande facilité, des lames parfaitement planes, brillantes et aussi minces qu'une feuille de papier. Ces feuilles se brisent perpendiculairement à leurs grandes faces suivant deux autres directions obliques l'une sur l'autre; mais l'un de ces clivages, qui s'obtient en pliant la lame entre les doigts, est sec et brillant, tandis que l'autre est mou et terne. La forme primitive du gypse est donc un prisme droit à base de parallélogramme obliquangle et non à base rhombe (4 côtés égaux); car, si la base avait cette dernière forme, les 4 pans verticaux étant égaux, ils devraient avoir des clivages correspondants égaux, ce qui n'est pas.

La chaux carbonatée se laisse cliver avec la même facilité suivant 3 directions (ou 6 avec les parallèles), en donnant une forme primitive qui est un solide à 6 faces qui sont toutes des rhombes égaux et également inclinés les uns sur les autres.

Des formes types.

Pour expliquer la transformation des formes les unes dans les autres, nous avons vu qu'il est indifférent de

2

supposer qu'un rhombe provient de la troncature des angles d'un rectangle, ou que celui-ci s'obtient en tronquant les angles d'un rhombe.

Soit encore A (fig. 44) la base d'un prisme droit susceptible de se cliver perpendiculairement à cette base et parallèlement aux côtés ab, ac, bd, et par conséquent suivant les diagonales af, be et cd. Il est évident que l'on pourra obtenir par les 6 clivages faits également sur les 6 pans, un nouveau prisme hexagonal plus petit que le premier; ou bien en fendant le prisme par le centre A, suivant af, cd, ac, on obtiendra 6 nouveaux prismes à base de triangle équilatéral. Soit B (fig. 45), un de ces prismes triangulaires. On pourra le cliver sur les angles a,b,c et le subdiviser ainsi en 4 nouveaux prismes triangulaires, ou en 3 prismes triangulaires et un prisme hexagonal C (fig. 16). Nous pouvons donc indifféremment considérer le prisme hexagonal comme un prisme triangulaire dont les arêtes verticales sont tronquées, ou celui-ci comme le résultat du clivage du prisme hexagonal.

Fig. 44.

Fig. 45.

Fig. 46.

En général, on se représente plus facilement la construction d'un édifice à surfaces planes, comme le résultat de l'assemblage de parallélipipèdes ou prismes à 4 pans; nous supposerons donc que toutes les molécules primitives des différents corps sont des parallélipipèdes (le prisme à base rhombe pouvant être considéré comme composé de 2 prismes triangulaires qui représenteraient la molécule primitive obtenue par le clivage, etc.).

Cela posé, nous dirons que toutes les formes cristallines, observées jusqu'à présent, pourraient être obtenues en tronquant (non pas arbitrairement, mais en suivant la loi d'inclinaison que nous avons donnée plus haut) les angles solides ou les arêtes des 6 parallélipipèdes que nous allons décrire, auxquels on donne le nom de *type* ou de *système cristallin*, et que l'on distingue les uns des autres par la grandeur relative de leurs arêtes et l'inclinaison réciproque de celles-ci.

Tout parallélipipède possède 3 axes ou lignes de symétrie qui passent par le centre de deux faces opposées ; par conséquent ces trois axes se rencontrent en un point qui est le centre d'un parallélipipède. Tout plan qui passe par le centre d'un parallélipipède coupe ce solide en deux parties égales.

On appelle axe principal celui qui réunit le plus de symétrie autour de lui.

Ainsi dans le prisme droit, dont la base est un carré, on appelle axe principal la ligne qui traverse le centre des deux carrés, parce que les angles, faces et arêtes semblables sont semblablement disposés par rapport à cette ligne.

Si les 3 axes sont inégaux sans qu'il y en ait un qui réunisse autour de lui plus de symétrie que les autres, on dit que le solide a 3 axes indifférents.

Si les 3 axes sont égaux, comme dans le cube, on peut considérer indifféremment l'un de ces axes comme l'axe principal.

Pour étudier un cristal, l'observateur doit toujours le placer en face de lui, de manière que l'axe principal, s'il y en a un, ou un axe quelconque, dans le cas contraire, soit vertical. Un des autres axes doit être dirigé perpendiculairement sur l'observateur. Il est très-important que l'on ait bien présent dans la mémoire, ce qui est d'ailleurs très-facile, l'égalité ou l'inégalité des arêtes, faces et angles des 6 formes types que nous allons décrire, car c'est sur cette égalité que reposent les lois de modification que nous exposerons dans un instant.

SYSTÈME I.

Cubique.

Fig. 17.

Axes.	3 égaux et perpendiculaires.
Faces.	6 carrés égaux.
Angles solides.	8 droits égaux.
Arêtes.	12 égales.

SYSTÈME II.

Prisme droit à base carrée.

Fig. 18 et 18 *bis.*

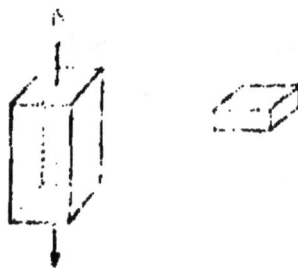

Axes.	3 perpendiculaires.	2 égaux.
		1 inégal vertical,
		(*axe principal*).
Faces.	4 rectangulaires égales.	
2 espèces.	2 carrées (la face supérieure et l'inférieure portent l'une et l'autre le nom de base du prisme).	

Angles.	8 droits égaux.
Arêtes,	{ 4 verticales.
2 espèces.	{ 8 horizontales.

SYSTÈME III.

Prisme droit à base rectangulaire.

Fig. 19.

Axes,	3 perpendiculaires inégaux.
Faces,	{ 2 rectangulaires.
3 espèces.	{ 2 id.
	{ 2 id.
Angles.	8 égaux et droits.
Arêtes,	{ 4
3 espèces.	{ 4
	{ 4

SYSTÈME IV.

Prisme oblique à base rectangulaire.

On peut mettre un axe quelconque vertica-*Fig.* 20. lement. Si on le plaçait de sorte que l'axe *ab* fût vertical, on aurait alors un prisme droit à base de parallélogramme obliquangle. Par convention seulement, on place ce prisme de sorte qu'une des faces rectangulaires *m* soit inclinée comme un pupitre, tandis que l'autre *n* est verticale.

Axes.	3 inégaux dont un *a,b,* est perpendiculaire sur les 2 autres.
Faces.	{ 2 rectangles.
	{ 2 id.
	{ 2 parallélogrammes obliquangles.

Angles. $\left\{\begin{array}{l}\text{4 obtus.} \\ \text{4 aigus.}\end{array}\right.$

Arêtes. $\left\{\begin{array}{l}\text{4 verticales à angle droit.} \\ \text{4 inclinées à angle droit.} \\ \text{2 horizontales à angle obtus.} \\ \text{2 horizontales à angle aigu.}\end{array}\right.$

On compte dans ce solide quatre espèces d'arêtes, quoique sous le rapport de la longueur il n'y en ait que de 3 espèces. Mais en cristallographie, il ne suffit pas, pour que deux arêtes soient égales, qu'elles aient la même longueur, il faut encore que les plans dont elles sont l'intersection fassent entre eux un même angle. Ainsi l'arête *rs* quoique égale en longueur à l'arête *op*, n'est cependant pas de même espèce que celle-ci; *rs* est égal à *tu* et *op* = *v.e.*

SYSTÈME V.

Prisme oblique à base de parallélogramme obliquangle.

Ce prisme repose seulement sur un angle.

Fig. 21.

Arês.   3 inégaux et inégalement inclinés les uns sur les autres.

Faces.
3 espèces. $\left\{\rule{0pt}{12pt}\right.$ égales 2 à 2.

Angles,
4 espèces. $\left\{\rule{0pt}{12pt}\right.$ égaux 2 à 2.

Arêtes,
6 espèces. $\left\{\rule{0pt}{12pt}\right.$ égales 2 à 2.

Une chose quelconque (face, angle ou arête) n'a dans ce système que son opposée qui lui soit égale.

SYSTÈME VI.

Rhomboédrique.

Fig. 22,   22 *bis.*

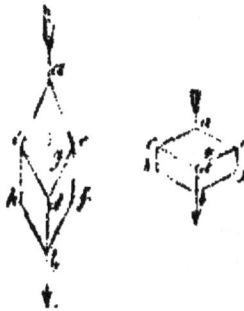

Axes.	3 égaux et également inclinés les uns sur les autres, passant par le milieu des faces.
Faces.	6 rhombes égaux.
Angles, 2 espèces.	{ 2 égaux, *a* et *b*. 6 égaux, *c, d, e, f, g, h.*
Arêtes, 2 espèces.	{ 6 égales partant 3 par 3 des sommets *a* et *b*. 6 égales allant en zigzag autour du prisme : *cd, de, ef, fg, gh* et *hc.*

Pour mieux concevoir les tranformations de ce système, au lieu de trois axes, nous en supposerons 4 dont un principal et 3 autres égaux entre eux, également inclinés les uns sur les autres (de 60°) mais tous perpendiculaires sur l'axe principal. *ab* étant l'axe principal, que l'on imagine trois autres lignes horizontales allant

du milieu de *cd* au milieu de *gf*

» *de* » *gh*

» *ef* » *ch*

ces trois lignes représenteront les 3 axes secondaires.

Fig. 23, 24.

Les 4 axes sont disposés comme ceux d'un prisme droit à base d'hexagone régulier. Soient A et B une section faite par le milieu d'un prisme droit à base d'hexagone régulier, et perpendiculairement sur l'axe du prisme les trois lignes *ab*, *cd*, *ef*, représenteront les 3 axes secondaires allant du milieu d'une arête au milieu de son opposée (fig. 23) ou d'un angle à son opposé (fig. 24); l'axe vertical et principal est alors perpendiculaire sur les 3 axes secondaires.

Il y a deux variétés de Rhomboèdres : les rhomboèdres obtus (fig. 22 *bis*) et les rhomboèdres aigus (fig. 22). Le cube placé sur un de ses angles solides pourrait être considéré comme la limite des rhomboèdres aigus et obtus.

Lois de symétrie.

S'il est vrai que les cristaux changent de forme, comme notre théorie moléculaire nous a conduits à le supposer, il est évident que lorsqu'un décroissement ou une troncature aura lieu sur une arête ou sur un angle solide, il faudra que cette troncature se répète sur toutes les arêtes ou sur tous les angles égaux ; car il n'y a pas de raison pour qu'une modification, qui a lieu sur un angle ou sur une arête, ne se répète pas sur toutes les arêtes ou sur tous les angles égaux, les forces attractives étant les mêmes sur les angles et sur les arêtes semblables.

Il est encore évident que si une troncature (décroissement) se fait sur un angle, elle ne devra pas se reproduire sur les angles différents, ou bien, si cette troncature a lieu, elle sera différente.

Soit en effet A (fig. 25) un noyau dont *Fig. 25.* l'une des faces est un parallélogramme obliquangle et *l, m, n, o*, 4 molécules libres attirées par les molécules qui forment les angles rentrants. Ces angles sont de 2 espèces, 2 obtus et 2 aigus. Les résultants des forces attractives qui agissent sur *l* et *m* sont égales, mais différentes (à cause de l'inclinaison) de celles qui agissent sur *o* et sur *n*. Les forces qui s'opposent à la cristallisation peu-

vent être suffisantes pour retenir *o* et *n* en dissolution, mais pas assez pour s'opposer à la cristallisation des molécules *m* et *l*; on aura alors un parallélogramme dont les 2 angles obtus et égaux seront tronqués. Supposons que les forces attractives qui agissent aux 4 angles du parallélogramme ne suffisent pas pour faire cristalliser les 4 molécules *l, m, n, o*; les 4 angles, quoique inégaux, seront à la vérité tronqués, mais ils ne le seront pas de la même manière; car la facette *ab* diagonale d'une molécule, sera plus petite que la facette *gh*, seconde diagonale de cette molécule. De plus, les angles *aln*, *olh*, que fait la facette *ab* avec les côtés du parallélogramme, ne sont pas égaux aux angles *hol*, *gom*, que fait la facette *gh* avec les mêmes côtés du parallélogramme.

Si la figure était un rec- *Fig. 26,* 27.
tangle, les 4 angles étant
égaux, ils seraient tous
les 4 tronqués également
(fig. 26); mais l'inclinaison des facettes *li* ne serait pas la même sur les

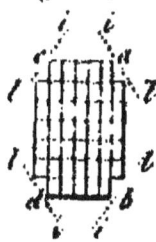 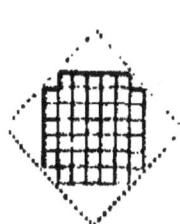

arêtes *ab* et *cd*, que sur les arêtes *ab* et *ac*.

Si la figure était un carré (fig. 22), les 4 angles seraient également tronqués ; de plus, l'inclinaison des facettes serait la même sur les 2 côtés adjacents ; ainsi les facettes, prolongées suffisamment, reproduiraient un nouveau carré.

Nous résumerons ces conséquences dans la loi suivante que l'expérience confirme complétement.

Les modifications qui ont lieu, au moyen de troncatures, sur certaines parties d'un cristal, se reproduisent de la même manière sur toutes les parties de même espèce, et ne se reproduisent pas, ou si elles le font, c'est d'une manière différente, sur les parties différentes.

Les facettes produites par les troncatures sont également inclinées sur les faces adjacentes si celles-ci sont égales, et inégalement inclinées si les faces adjacentes sont inégales.

Fig. 28,   29,   30,   31.

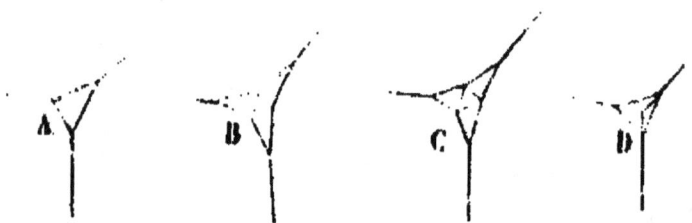

Ainsi, si l'angle solide d'un cube est modifié par une facette A (fig. 28), celle-ci sera un triangle équilatéral. S'il y a 3 troncatures sur cet angle, les 3 troncatures seront également inclinées sur les faces ou sur les arêtes du cube B (fig. 29).

Il ne pourrait pas y avoir 2 facettes seulement sur un angle du cube.

S'il y avait 4 facettes modifiant C (fig. 30), elles seraient de 2 espèces : l'une correspondrait à la facette de la figure 28, et les 3 autres aux facettes de la figure 29 ou de la figure 31.

Les arêtes ou les angles solides peuvent être tronqués plus ou moins profondément ; rien ne limite l'accroissement des facettes modifiantes : elles font même souvent disparaître les faces de la forme primitive. C'est ainsi qu'un prisme droit à base rectangulaire, tronqué sur ses 4 arêtes verticales peut d'abord donner un prisme à 8 pans, puis un prisme droit à base rhombe.

La longueur des arêtes, ou les dimensions des faces, dans un même cristal, n'ont aucune valeur en cristallographie. Ainsi une substance qui cristallise dans le système cubique peut avoir un, deux, ou trois de ses angles légèrement tronqués, tandis que tous les autres le sont très-profondément (fig. 32) ; c'est l'inclinaison des faces qui détermine leur égalité, et non leur dimension prise au compas. Il est même très-rare de rencontrer un *cube* à peu près *cubique*; tous les angles sont bien de 90°, mais presque toujours certaines faces sont plus grandes que d'autres.

Fig. 32.

Mais alors, demandera-t-on, si cette inégalité peut avoir lieu, à quoi pourra-t-on reconnaître si le cristal que l'on rencontre est un cube, ou un prisme droit à base carrée, ou un prisme droit à base rectangle ?

Le moyen est facile ; il suffira d'examiner les modifications ou troncatures. Si une arête est tronquée, et si le cristal est un cube, les autres arêtes seront également tronquées et également inclinées sur les faces adjacentes. Si c'est un prisme droit à base rectangle, 4 arêtes seulement seront tronquées. S'il y a 8 troncatures, 4 seront d'une espèce, et 4 d'une autre. Si les 12 arêtes sont tronquées, il y aura 3 espèces de troncatures, qui se reconnaîtront par la mesure des angles.

Cependant l'on rencontre quelquefois des cristaux qui n'offrent aucune modification. Dans ce cas on a recours soit à l'éclat des faces, soit au clivage pour déterminer le système auquel ils appartiennent. Supposons qu'il y ait 3 clivages perpendiculaires ; si les trois clivages sont égaux, c'est le système cubique ;

S'il y en a deux égaux, c'est le prisme droit à base carrée;

Si les trois clivages sont inégaux, c'est le prisme droit à base rectangulaire. Supposons que le cristal n'offre que 2 clivages, ce n'est pas un cube ; s'ils sont égaux, c'est le prisme à base carrée (les clivages correspondent alors aux pans du prisme) ; s'ils sont inégaux, c'est le prisme rectangulaire. Enfin s'il n'y a qu'un clivage, c'est ou un prisme droit à base carrée (le clivage correspond à la base), ou un prisme rectangulaire. Enfin à défaut de modifications et de clivages, on possède encore d'autres moyens pour déterminer le système auquel appartient un cristal ; nous les indiquerons plus loin.

Nous avons dit qu'un cube dont une arête est tronquée devait avoir ses 11 autres arêtes tronquées. Cependant on rencontre quelquefois des cristaux d'une même substance où cette symétrie n'existe pas. Ainsi, que l'on examine de l'alun, qui cristallise en octaèdre régulier dont les 12 arêtes et les 6 angles sont égaux, on apercevra quelquefois de petites troncatures seulement sur 2 ou 3 angles et sur 1, 2, 3, 4 arêtes. Néanmoins cette espèce d'avortement des facettes n'est pas regardée comme une anomalie à la loi de symétrie. La position du cristal dans le vase où il s'est formé, la proximité des parois ou d'autres cristaux, ont plus ou moins empêché le cristal de se développer, autant dans un sens que dans un autre ; et si, d'ailleurs, on examine avec une loupe ces angles ou ces arêtes non tronqués, on apercevra presque toujours de petites facettes qui rétablissent la symétrie. D'autres cristaux pris à côté du premier, feront voir des troncatures sur tous leurs angles.

Nous avons dit que les facettes modifiantes pouvaient faire disparaître les faces de la forme primitive, en donnant, par conséquent, un nouveau cristal. Celui-ci, comme nous allons le démontrer, appartient toujours au même système cristallin. Ainsi tous les cristaux qui dérivent du cube (d'après la loi de symétrie) appartiennent au système cubique, c'est-à-dire qu'ils possèdent tous 3 axes égaux et perpendiculaires. Un prisme peut être tronqué à la fois sur ses angles et sur ses arêtes; chaque angle et chaque arête peuvent être remplacés, non-seulement par une facette, mais quelquefois par 2, 3, 4, 5, 6 facettes; on obtient alors des formes dérivées qui ont 50, 100 faces et plus. Il semble, au premier coup d'œil, qu'il doit être très-difficile de reconnaître toutes ces formes et de découvrir le système auquel elles appartiennent. Cependant rien n'est plus facile; mais pour cela il ne faut pas oublier la loi de symétrie et la distribution des axes dans les 6 types cristallins; il ne faut pas oublier de mettre toujours l'axe principal, s'il y en a un, ou, dans le cas contraire, un axe quelconque verticalement; enfin, il faut toujours admettre que si un prisme subit des modifications, la position des 3 axes reste invariable par rapport à l'observateur.

Cela étant bien entendu, nous allons donner quelques exemples de modifications des divers systèmes cristallins. Pour se familiariser avec l'étude des transformations, on peut faire soi-même avec de l'argile ou de la craie les 6 formes fondamentales et à l'aide d'un couteau, ou mieux d'une râpe, tronquer peu à peu les angles et les arêtes, en se conformant rigoureusement à la loi de symétrie; on parviendra ainsi en peu de temps à reconnaître, au premier coup d'œil, à quel système appartient un cristal quelconque dérivé.

Il ne faut un peu d'habitude que pour reconnaître les cristaux dont on ne voit qu'une partie des faces, et surtout de ceux dont certaines facettes modifiantes ont pris beaucoup plus d'accroissement que les autres de même espèce.

Modifications du système cubique.

(Les mêmes lettres indiquent les faces semblables dans une même figure et toutes les faces ou facettes correspondantes dans les autres figures.)

Figures 33 à 37. *Transformation du tube en octaèdre régulier.*

Fig. 33,   34,   35,   36   37.

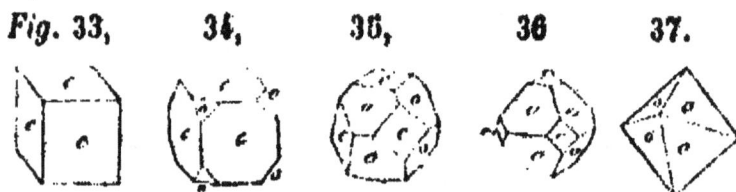

33. Cube.

34. Cube tronqué sur les angles qui sont remplacés par des facettes triangulaires équilatérales.

35. Cube plus profondément tronqué.

36   n   n

37. Octaèdre régulier. Les troncatures faites sur les angles du cube ont fait disparaître les faces de celui-ci, et de chacune de ces faces il ne reste plus qu'un point qui est un des sommets de l'octaèdre.

Les 8 angles du cube sont remplacés par 8 triangles équilatéraux.

Les 6 faces du cube sont remplacées par 6 pyramides à 4 faces.

Les 12 arêtes du cube ont changé de position.

Les 3 axes n'ont pas changé de place; ils passent par les 6 sommets de l'octaèdre.

En remontant les figures de 37 à 33, on voit qu'en

tronquant les 6 sommets de l'octaèdre, on revient peu à peu au cube.

Passage du cube au dodécaèdre rhomboïdal.

Fig. 38, 39, 40.

38. Cube tronqué sur ses 12 arêtes.

39. Cube tronqué plus profondément.

40. Dodécaèdre rhomboïdal.

Les 3 axes du cube passent par les 6 sommets à 4 faces du dodécaèdre.

Les 6 faces du cube sont remplacées par 6 sommets à 4 faces.

Les 8 angles du cube sont remplacés par 8 sommets à 3 faces.

Les 12 arêtes du cube sont remplacées par 12 rhombes égaux.

En tronquant les 6 sommets égaux, on retomberait sur le cube.

Passage du dodécaèdre à l'octaèdre.

Fig. 41, 42.

On voit que les 8 angles solides du cube qui passe au dodécaèdre, se métamorphosent en 8 angles plus obtus, qui ont la même position relative dans le dodécaèdre ; donc en tronquant ces 8 angles dans le dodécaèdre, on aura d'abord la figure 41, puis la figure 42 qui, enfin, donnera l'octaèdre régulier (fig. 37).

Passage de l'octaèdre au dodécaèdre.

C'est l'inverse de celui que nous venons de voir. Les 12 arêtes de l'octaèdre étant tronquées donnent d'abord la figure 43, puis 44 et 40.

Les 12 petites diagonales des rhombes du dodécaèdre forment un cube, et les 12 grandes diagonales de ces mêmes rhombes forment l'octaèdre régulier.

Passage du cube au trapézoèdre.

Fig. 43,   44,   45.

43. Cube dont chaque angle est modifié par 3 facettes égales.

44. Modification plus profonde.

45. Modification achevée ou trapézoèdre. C'est un solide à 24 faces égales et trapézoïdales (8 angles du cube × par 3).

Les 3 axes passent par les 6 sommets quadruples et égaux à base carrée.

Les six faces du cube sont remplacées par les 6 sommets précédents.

Les 8 angles sont changés en 8 angles triples obtus.

Les 12 arêtes sont remplacées par 12 sommets à 4 faces et à base rhombe.

Passage de l'octaèdre au trapézoèdre.

Fig. 46, 47.

Puisque les 8 angles du cube ont donné les 8 angles triples du trapézoèdre, il en résulte qu'en tronquant ces 8 angles sur le trapézoèdre, on aurait d'abord la figure 46, puis 47, enfin l'octaèdre régulier ; et réciproquement en coupant les 6 sommets de l'octaèdre, à 4 faces sur chaque sommet, on aurait d'abord la figure 47, puis 46, enfin 45.

Passage du dodécaèdre au trapézoèdre.

En tronquant les 24 arêtes du dodécaèdre.

Passage du cube à l'hexatétraèdre.

Fig. 48, 49, 50, 51, 52.

En remplaçant chaque arête du cube par 2 facettes, on aura d'abord la figure 48, puis 49, enfin 50, qui est l'hexatétraèdre.

Si on le considère avec un peu d'attention, on verra facilement que c'est un cube dont chaque face est surmontée d'une pyramide très-surbaissée. En tronquant ses sommets à 4 faces, on reviendrait au cube.

Les angles du cube y sont remplacés par 6 angles à 6 faces ; donc en tronquant ces angles, on obtiendra d'abord la figure 51, puis 52, enfin l'octaèdre régulier; et réciproquement, en faisant 4 troncatures sur chaque angle de l'octaèdre, on obtiendra la figure 52, puis 51 et 50.

Autres polyèdres à 48 et à 24 faces.

Fig. 53, 54, 55, 56.

La figure 53 représente l'octaèdre dont chaque arête est remplacée par 2 facettes. Figure 54, la modification est achevée. On voit facilement que c'est un octaèdre dont chaque face est surmontée d'une pyramide à 3 faces très-surbaissée.

La figure 55 offre un octaèdre dont chaque sommet est remplacé par 8 facettes (6×8) et donne enfin la figure 53, solide à 48 faces.

En tronquant les 6 sommets à 8 faces de la figure 54, on aurait le cube.

En tronquant les 8 sommets à 3 faces, on aurait l'octaèdre.

En tronquant les 12 arêtes qui vont d'un sommet à 8 faces à un autre à 8 faces, on aurait le dodécaèdre.

Tous les cristaux du système cubique se reconnaissent au premier coup d'œil; ils sont, pour ainsi dire, sphériques, c'est-à-dire que tous les angles de même espèce sont tangents à une sphère.

Modifications du prisme droit à base carrée.

Fig. 57,   58,   59,   60,   61.

Soit A la base de ce prisme; on voit qu'en tronquant les arêtes verticales on aura d'abord un prisme à 8 pans (base B), puis un autre prisme à base carrée C inscrite dans la première. On pourrait aussi avoir un prisme à 8 pans dont la base serait D, ou un prisme à 12 pans dont la base serait E. On les reconnaîtra facilement, parce que ces prismes ont 2 axes égaux perpendiculaires passant soit par le milieu des arêtes du carré A, soit par les angles opposés. C'est l'égalité par 4 ou ses multiples qui domine dans ce système.

Passage du prisme à l'octaèdre à base carrée.

Fig. 62,   63,   64,   65,   66,   67.

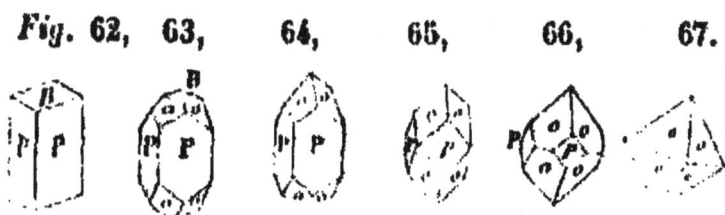

62. Prisme droit à base carrée.
63.   id.   modifié sur ses 8 angles.
64.   id.
65.   id.   C'est un dodécaèdre formé comme celui du cube de 12 rhombes, mais avec cette différence qu'ils ne sont pas tous égaux. Il y en a 4 d'une espèce, résidu des faces verticales du prisme, et 8 d'une autre

espèce qui correspondent aux angles solides de ce même prisme.

66. La même modification passant à un octaèdre à base carrée (fig. 67) formé de 8 triangles *isocèles* et égaux ; l'axe principal passe par les 2 sommets égaux. Les 2 autres axes passent à volonté soit par les 4 autres sommets, soit par le milieu de 4 arêtes horizontales qui forment un carré.

Fig. 68,   69,   70.

68. Prisme dont les 8 arêtes semblables horizontales sont tronquées.

69. Modification passant à la figure 70, enfin à un autre octaèdre à base carrée comme le précédent.

On voit qu'en tronquant seulement les 4 arêtes horizontales de l'octaèdre, on aurait la figure 70, puis 69.

Si l'on tronquait les 4 angles traversés par les 2 axes secondaires, on serait conduit à un autre prisme, mais toujours à base carrée et surmonté par une pyramide à 4 faces.

Fig. 71, 72, 73, 74, 75, 76, 77.

71. Octaèdre modifié par 2 facettes sur ses 4 arêtes horizontales passant à la figure 72, que l'on peut considérer comme une combinaison de 2 octaèdres, l'un plus aigu que l'autre.

73. Prisme dont chaque angle est remplacé par 2 facettes et passant à la figure 74, formée de 2 pyramides à 8 faces opposées base à base.

75. Octaèdre dont les 2 sommets égaux sont tronqués. Ou bien, prisme droit à base carrée dont les 8 arêtes horizontales sont tronquées.

76. La même forme, mais dont les 4 angles égaux à 4 faces sont tronqués et passant à un autre prisme à base carrée.

77. Octaèdre dont les 2 sommets égaux sont remplacés chacun par 4 faces et passant à un autre octaèdre à base carrée.

Modifications du prisme droit à base rectangulaire.

Fig. 78, 79, 80, 81, 82, 83.

Soit A la base d'un pareil prisme. En tronquant les arêtes verticales, on obtiendrait un prisme droit à base rhombe inscrit dans le premier.

On peut faire passer les 2 axes horizontaux par le milieu des côtés, figure B, ou par les angles opposés, figure C. Dans le premier cas, on a 2 axes inégaux, *mais perpendiculaires ;* dans le second, 2 axes égaux, *mais inclinés.*

Dans le prisme à base rhombe, figures D et E, on a également 2 axes horizontaux inégaux, mais perpendiculaires, ou bien égaux, mais inclinés.

En prenant une face quelconque du prisme rectangulaire pour base, on peut donc avoir 3 prismes à base rhombe correspondants, puisque le prisme rectangulaire peut se mettre dans 3 positions différentes.

Il en est de même du prisme droit à base rhombe ; mais alors si la base rhombe, r, est placée verticalement (F), on le considérera comme un prisme droit à base rectangulaire, dont les 4 arêtes horizontales parallèles et semblables sont tronquées.

Fig. 84,   85,   86,   87,   88,   89.

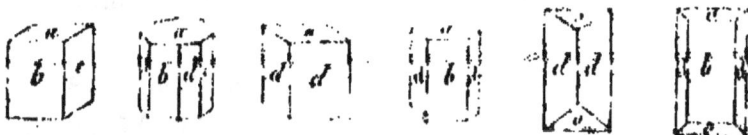

84. Prisme droit à base rectangulaire ; *a* la base, *b* un pan, *c* l'autre.

85. Prisme dont les 4 arêtes verticales sont tronquées et passant à la figure 86, qui est le prisme droit rhomboïdal.

87. Le prisme 86, dont les 2 arêtes verticales et obtuses sont tronquées ; c'est donc un prisme à 6 pans portant les 2 faces *b* de la figure 84.

88. C'est la figure 86, dont les 4 angles solides obtus sont tronqués. Les facettes *o* correspondent aux 4 arêtes horizontales semblables du prisme 84.

89. C'est 88, dont l'arête verticale obtuse tronquée donne la face *b* du prisme fondamental.

Fig. 90, 91,   92,   93,   94,   95.

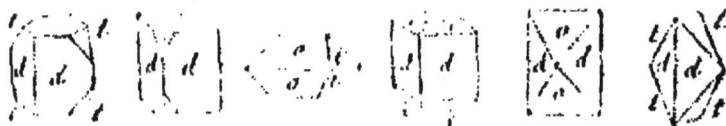

90. Prisme rhomboïdal dont les 4 angles aigus et égaux sont tronqués.

91. Le même que 88, mais moins avancé.

92. Octaèdre cunéiforme (allongé en coin) dont la

base est un rectangle. On l'obtient soit en tronquant les 4 arêtes de chaque base du prisme rectangulaire, soit les 8 angles solides du prisme rhomboïdal.

93. Le prisme rhomboïdal, dont les 8 arêtes égales sont tronquées.

94. C'est le prisme rhomboïdal 86 dont les angles obtus sont tronqués. On peut le considérer comme un octaèdre à base rectangulaire, mais dont l'axe, qui passe par le sommet des 2 pyramides, est horizontal.

95. Autre octaèdre à base rectangulaire provenant de la troncature des angles aigus du prisme rhomboïdal, 86.

Fig. 96, 97, 98, 99.

96. Prisme rhomboïdal, 86, dont les 8 angles sont tronqués, et passant à un autre octaèdre à base rectangulaire (axe vertical).

97. L'octaèdre 94, dont les 8 arêtes sont tronquées. Les 8 facettes *c v* correspondent aux 8 angles solides du prisme droit à base rectangulaire, ou aux 8 arêtes égales du prisme rhomboïdal.

98. C'est la figure 97, dont les facettes *c v* ont fait disparaître presque toutes les autres faces. Cette figure représente un octaèdre dont la base est un rhombe. Placé de sorte qu'un axe quelconque soit vertical, les pyramides dont les sommets sont traversés par l'axe vertical sont toujours à base rhombe.

On peut encore obtenir cet octaèdre en tronquant les 8 angles du prisme rectangulaire.

99. Le même que le précédent, ayant 2 sommets tronqués.

Fig. 100,　　104,　　102,　　103.

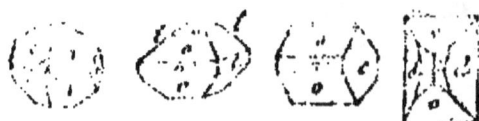

100. Le même que le précédent, ayant les 6 sommets tronqués. On voit que ces 6 troncatures reproduiraient le prisme rectangulaire.

On pourrait, en modifiant les arêtes, les angles de toutes les formes précédentes, obtenir une variété infinie de cristaux. Mais dans ceux-ci on reconnaîtra toujours, abstraction faite des facettes, soit un prisme rectangulaire ou rhomboïdal, soit un octaèdre rectangulaire ou rhomboïdal, en un mot, des polyèdres traversés symétriquement par 3 axes inégaux et perpendiculaires.

Modifications du prisme oblique à base rectangulaire.

Fig. 104,　　105,　　　106,　　　107,　　　108.

104. Prisme oblique à base, *a*, rectangulaire. Par la troncature des arêtes verticales, on obtient d'abord un prisme à 8 pans, puis un prisme oblique à base rhombe (fig. 106). La figure 105 représente le prisme rhomboïdal pointé, obtenu par le prisme rectangulaire qui l'enveloppe. Suivant l'inclinaison des troncatures sur les pans du prisme rectangulaire, on obtient soit un prisme oblique rhomboïdal dont la petite diagonale de la base est horizontale (fig. 106), soit un prisme dont la grande diagonale est horizontale (fig. 107).

108. Prisme à 6 pans.

Si l'on a bien saisi la transformation des trois premiers types, les figures suivantes suffiront pour faire voir comment le prisme oblique à base rectangulaire ou rhomboïdale se métamorphose.

Fig. 109,   110,   111,   112,   113.

Fig. 114,   115,   116,   117,   118,   119.

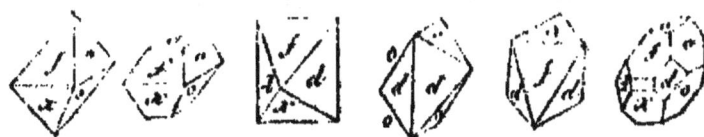

Modifications du prisme oblique à base de parallélogramme obliquangle.

Dans ce système, qui est peu régulier, les modifications, quoique susceptibles de varier à l'infini, sont cependant peu nombreuses.

Fig. 120,   121,   122,   123,   124,   125.

Une arête ou un angle tronqué n'entraîne nécessairement que la troncature de l'angle ou de l'arête opposée, puisque dans ce système il n'y a que les arêtes ou les angles opposés qui soient égaux. Cependant 4, 6, 8 arêtes pourraient être tronquées, mais les modifications sur les arêtes différentes ne seraient pas semblables.

4

Modifications du rhomboèdre.

Le rhomboèdre qui est un polyèdre symétrique autour d'un axe principal, donne naissance à un grand nombre de formes très-régulières et très-élégantes.

Nous avons vu que dans le prisme droit à base carrée et à *axe principal*, le nombre 4, ou ses multiples, domine dans les modifications. Dans le rhomboèdre (à 3 axes horizontaux égaux), c'est le nombre 3, ou ses multiples, qui domine.

Disons encore que de chaque sommet principal ¹ partent 3 arêtes égales, et que les 6 autres arêtes sont en zigzag autour du rhomboèdre.

Fig. 126,   127,   128,   129,   130.

126. Rhomboèdre.

127. Rhomboèdre tronqué sur les 6 arêtes des sommets.

128. La troncature achevée donnant un autre rhomboèdre plus obtus que le premier. En tronquant les 6 arêtes des sommets de ce second rhomboèdre, on obtiendrait un troisième rhomboèdre plus obtus que le second, et ainsi de suite.

129. Le rhomboèdre 126, dont les 6 angles latéraux sont tronqués.

130. Troncature plus avancée, formant deux pyramides hexaèdres opposées base à base.

---

1 Les sommets principaux sont les deux angles solides qui sont traversés par l'axe principal.

Fig. 131, 132, 133, 134, 135.

131. Les facettes *c* ont fait disparaître entièrement les faces *a*, en donnant un rhomboèdre plus aigu. Celui-ci, tronqué de même sur les 6 angles latéraux, donnerait un troisième rhomboèdre encore plus aigu, et ainsi de suite. On a quelquefois des rhomboèdres, dont les sommets sont comme des aiguilles.

132. C'est la figure 130, dont les 6 arêtes horizontales sont tronquées.

133. La même modification.

134. La précédente, dont les 2 sommets sont tronqués.

135. La précédente achevée. C'est un prisme régulier à 6 pans inclinés les uns sur les autres de 120°.

Fig. 136, 137, 138, 139, 140.

136. Le prisme à 6 pans modifié sur ses 12 angles solides et passant à une double pyramide semblable à 130, mais dont les faces correspondraient aux arêtes.

137. C'est la figure 130, dont les 6 angles latéraux sont tronqués, et qui passe à un autre prisme hexagonal régulier, dont les pans correspondent aux arêtes verticales du prisme 135.

138. C'est 137 plus avancé.

139. Le rhomboèdre 126, dont les 6 angles latéraux sont tronqués parallèlement à l'axe principal. C'est un prisme à 6 pans terminé par les sommets rhomboédriques.

140. Le rhomboèdre 126, dont les 6 arêtes latérales sont tronquées parallèlement à l'axe, et passant à 141 et 142,

Fig. 141, 142, 143, 144, 145.

prismes à 6 pans terminés par les sommets rhomboédriques. Les arêtes verticales de ces prismes correspondent aux faces verticales du prisme 138.

143. Le rhomboèdre 126, dont chaque arête latérale est remplacée par 2 facettes inclinées sur l'axe principal.

144. La modification précédente achevée. Double pyramide à 6 faces, mais dont la base est en zigzag.

145. Le rhomboèdre 126, dont chaque angle latéral est remplacé par 2 facettes inclinées sur l'axe principal, et conduisant à une double pyramide à 6 faces analogue à la précédente.

Formes hémiédriques.

Nous avons vu qu'en tronquant les 8 angles d'un cube, on obtient l'octaèdre régulier.

Supposons que, au lieu de tronquer ces 8 angles, on en néglige 4 pour couper les 4 autres, comme dans la figure 146 ; on voit que les 2 facettes o,o supérieures en s'agrandissant feront disparaître la face supérieure du cube, dont il ne restera qu'une ligne, la diagonale *ab*. oo' et oo", en se réunissant, ne laisseront subsister, des 2 faces

Fig. 446, 447, 448.

antérieures et verticales du cube, que les 2 diagonales
bo et *ca*. 4 angles tronqués donneront donc naissance à
4 faces triangulaires équilatérales, par conséquent à un
tétraèdre régulier, 447, dont les 6 arêtes représenteront
les 6 diagonales des faces du cube.

Les 3 axes passent par le milieu des arêtes. Il ne faut
pas placer ce solide sur une base comme l'indique la
figure 448, car les axes ne conserveraient plus leur position primitive, et on ne saisirait plus facilement les transformations du tétraèdre.

Pour obtenir ce solide, nous n'avons pas suivi la loi
de symétrie, et cependant on rencontre fréquemment
des cristaux qui possèdent cette forme. On a supposé que,
par une espèce de caprice, la force de cristallisation avait
négligé de faire les autres troncatures, et on a donné à
ces solides, dont la moitié des faces qui auraient dû se
former manque, le nom de cristaux hémiédriques.

La boracite se rencontre souvent sous la forme d'un
cube tronqué sur 4 angles seulement ; et comme on a remarqué que chaque sommet tronqué était susceptible de
prendre une électricité contraire à celle que manifeste le
sommet opposé non tronqué, on a attribué la dissymé-
trie que présente ce cristal, aux deux forces électri-
ques dont il est doué.

Mais, comme l'électricité n'a pu agir sur le cristal
avant qu'il eût pris naissance, il faut admettre, ou

que le premier noyau qui s'est formé était déjà dissymé-
trique avant que l'électricité vînt s'en emparer pour
continuer l'hémiédrie, alors cette force était inutile, puisque le noyau avait déjà pu être hémiédrique sans le secours de l'électricité ; ou bien, il faut admettre que le
premier noyau était déjà cubique ; alors, on ne conçoit pas pourquoi une des électricités s'est emparée d'un
angle, plutôt que de l'autre, tandis que l'électricité contraire s'est emparée de l'angle opposé.

Nous préférons admettre les ingénieuses idées de
M. Delafosse sur ce sujet, et séparer les cristaux hémiédriques des systèmes où on les place pour les mettre à
part dans de nouveaux systèmes.

Suivant M. Delafosse, le tétraèdre régulier peut bien
donner naissance, par des transformations symétriques,
à un cube, mais ce cube qui est tel géométriquement,
ne l'est plus au point de vue physique, les 8 angles ne
sont pas physiquement égaux.

Une figure fera voir facilement cette différence.

Supposons que les molécules primitives d'une substance soient cubiques ; il est évident que ces cubes, en
se groupant symétriquement, donneront naissance à un
assemblage cubique, dont les 8 angles seront identiques ;
et il sera impossible que 1 de ses angles soit modifié, sans
que les 7 autres le soient également.

Fig. 149. Supposons, au contraire, que les molécules
primitives soient des tétraèdres réguliers. Ces
tétraèdres pourront se grouper symétriquement
comme l'indique la figure 149.

Admettons que de pareils chapelets soient disposés dans
un cube (fig. 150) de telle sorte que l'angle *a* du cube soit
formé par la base d'une molécule tétraédrique, et, par
conséquent, l'angle *b* par un sommet de ces tétraèdres.
Faisons la même supposition pour les autres angles du

cube. Mettons en *o*, *e*, *h*, les bases des
chapelets tétraédriques, et en *d*, *f*, *g*, *b*,
les sommets. Quoique l'assemblage de
tous ces tétraèdres soit cubique, l'on
voit que les angles ne sont pas identiques, et que des 8 angles, on pourrait

Fig. 150.

en modifier *4* . *e*, *o*, *a*, *h*, sans toucher aux autres. On
conçoit en même temps que, les chapelets n'ayant pas
leurs extrémités identiques, l'électricité positive puisse
se manifester sur l'une de celles-ci, tandis que l'électricité
négative se manifesterait sur l'autre. On aurait donc un
cristal présentant *4* pôles $+$ et *4* pôles $-$.

Ainsi, des molécules tétraédriques peuvent donner naissance à un cristal cubique, octaédrique, dodécaédri-
que, etc. Mais un cube, un octaèdre, un dodécaèdre,
formés par l'assemblage de molécules cubiques, ne peuvent pas donner des cristaux tétraédriques. Il faut donc
diviser le système cubique en deux autres, le système
cubique proprement dit, et le système tétraédrique.

Nous allons donner quelques exemples des modifications des cristaux hémiédriques.

Hémiédrie du système cubique. Tétraèdre régulier.

Fig. 151.   452.

151. Tétraèdre dont les 4 angles solides sont tronqués. Les
facettes *o* sont des triangles équilatéraux, qui en s'a-
grandissant se rencontreront toutes au milieu des arêtes

du tétraèdre. Alors il ne restera plus des faces de celui-ci, que des triangles équilatéraux *icd*, *hdf*, et deux triangles postérieurs (fig. 152). On aura donc un solide composé 1° de 4 triangles équilatéraux (résidu des faces du té-traèdre), 2° de 4 triangles semblables aux précédents, provenant de la troncature des angles, en tout 8 triangles équilatéraux ou un octaèdre régulier.

Puisque les 6 arêtes du tétraèdre correspondent aux 6 diagonales des faces du cube, il en résulte que si l'on tronque ces 6 arêtes, on passera peu à peu au cube.

Hémiédrie du système prismatique droit à base carrée.

Fig. 153, 154, 155, 156.

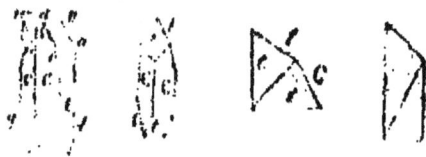

Soit 153 un prisme droit à base carrée ; supposons que l'on tronque les arêtes *mn* et *op* jusqu'à ce que les facettes se rencontrent en *ab* et que l'on néglige la tron-cature sur les arêtes *mp* et *no* ; tronquons de même, à la base opposée, les arêtes *rs* et *qt*, nous obtiendrons le solide hémiédrique 154.

Si les 4 facettes sont suffisamment prolongées, elles feront disparaître les faces *c* du prisme en donnant nais-sance au tétraèdre 155, formé de 4 triangles égaux et isocèles.

Les cristaux qui se rencontreront avec la forme 154, pourront donc être considérés comme un assemblage de tétraèdres à triangles isocèles égaux. Un prisme à base

carrée, formé de molécules prismatiques carrées, ne
pourrait pas plus donner un pareil tétraèdre qu'un cristal
cubique formé de cubes ne peut donner de tétraèdres.

Hémiédrie du système rhomboédrique.

Supposons que la molécule primitive d'un prisme droit
à base d'hexagone régulier soit elle-même un prisme hexagonal. D'après la loi de symétrie, en tronquant une arête
des bases, on devra tronquer les 11 autres (fig. 157), et
l'inclinaison des facettes $a, a, \ldots$ sur les plans P du prisme,

Fig. 157,   158,   159,   160.

devra être la même pour toutes. Nous avons vu qu'en
tronquant les 6 arêtes latérales ou les 6 angles latéraux
d'un rhomboèdre, parallèlement à l'axe, on pouvait
obtenir le prisme hexagonal régulier terminé par les
sommets rhomboédriques (fig. 158 et 159). En tronquant complétement les sommets de ces 2 prismes, on
obtiendrait le prisme hexagonal régulier. Mais celui-ci
quoique géométriquement semblable, ne serait pas physiquement identique avec le prisme hexagonal (fig. 157).
En effet le prisme (fig. 157) ne peut pas, d'après la loi
de symétrie, porter à chaque base seulement 3 troncatures qui conduiraient à un sommet rhomboédrique
(fig. 160); car les 6 arêtes de chaque base étant identiques, on ne pourrait en tronquer 3 sans faire subir la
même modification aux 3 autres. Tandis que le prisme
hexagonal obtenu avec les figures 158 et 159, pourrait ré-

générer le rhomboèdre par la troncature de 3 arêtes à chaque base. Le prisme hexagonal (fig. 460) pourrait bien avoir ses 6 arêtes tronquées à chaque base, mais 3 d'entre elles auraient une certaine inclinaison sur la base, et les 3 autres auraient une autre inclinaison.

Groupement des cristaux.

Les cristaux sont quelquefois isolés, mais le plus souvent ils sont groupés entre eux de diverses manières, tantôt régulièrement, tantôt au hasard.

Groupement régulier.

Les groupements sont réguliers toutes les fois que les cristaux se réunissent par leurs faces homologues. Les figures suivantes représentent quelques-uns de ces groupements.

Fig. 462,   463.

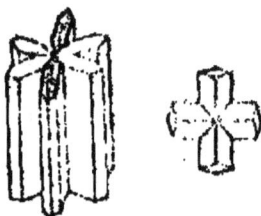

Hémitropie.

On a vu d'après la loi de symétrie que les cristaux ne pouvaient jamais offrir d'angles rentrants. Cependant il n'est pas rare de rencontrer des minéraux qui présentent de tels angles (gypse, oxyde d'étain). Ces angles rentrants sont dus au groupement régulier de 2 cristaux. Les choses se passent comme si un cristal unique avait été coupé en deux, et qu'une moitié eût fait une demi ou un sixième de révolution sur l'autre.

Soit *abcd* un cristal de gypse coupé en deux suivant la ligne *ge*. Faisons subir à la moitié *gbef*, une demi-révolution autour de la ligne *ef*, nous aurons le cristal hémitropique *acefgh*, présentant un angle rentrant *agh*. Mais ce cristal sera en réalité formé de 2 cristaux groupés en sens inverse.

Fig. 163.

La figure 3 montre une *transposition* (sixième de révolution) d'octaèdre régulier, et la figure 4, une hémitropie (demi-révolution) d'un prisme oblique à base rectangulaire.

Fig. 164, 165.

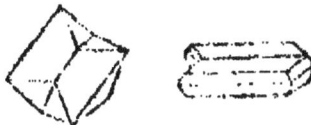

Détermination des dimensions relatives des molécules primitives.

Comment détermine-t-on le rapport qui existe entre la hauteur, la largeur et la profondeur d'une molécule, ou le rapport qui existe entre ses trois axes ?

Ce problème est le même que le suivant : Ayant un corps composé binaire, déterminer le poids des atomes qu'il renferme. L'analyse fait voir que dans l'eau, le poids de l'oxygène est au poids de l'hydrogène :: 88,9 : 11,1. Si nous *supposons* que l'eau ne renferme qu'un atome d'oxygène et un atome d'hydrogène, il est évident que le poids de l'atome d'oxygène sera à celui de l'hydrogène :: 88,9 : 11,1 ou en prenant l'un de ces deux corps pour unité :: 100,0 : 12,5; mais notre supposition est peut-être fausse; l'eau pourrait bien renfermer un atome d'oxygène et *deux* d'hydrogène. Alors, dans ce cas, le poids de l'atome d'oxygène serait à celui de 2 atomes d'hydrogène :: 100,0 : 12,5, donc $\frac{12,5}{2}$ représenterait le poids de l'atome d'hydrogène. Nous pourrions encore faire d'autres suppositions; mais toutes nous conduiraient à peu près au même résultat, savoir que 12,5 représente le poids de 1, 2, 3, $\frac{1}{2}$, $\frac{1}{3}$, $\frac{1}{4}$, d'atome d'hydrogène; et quel que soit celui de ces nombres que nous choisirons, il nous permettra toujours d'exprimer les rapports qui existent entre l'oxygène et l'hydrogène dans les différentes combinaisons qui renferment ces deux corps.

La détermination des 3 axes d'une molécule se fait de même, et elle est sujette à la même incertitude.

Je suppose que l'on ait un prisme droit à base carrée; on veut connaître la longueur de ses 3 axes. Par cela seul que nous savons (d'après les modifications) que c'est un prisme à base carrée, nous savons déjà que le prisme a 2 axes égaux; il faut maintenant mesurer le troisième. On conçoit, d'après ce que nous avons dit plus haut, que ce n'est pas en mesurant, à l'aide d'un compas, la hauteur du cristal et sa largeur, que l'on peut connaître le rapport de ses axes, puisque la grandeur des faces n'a aucune valeur dans la pratique. Les faces ou les arêtes de même espèce ne sont égales que théoriquement, et il serait sans doute impossible de rencontrer un seul cube réellement cubique.

Soit P un fragment de prisme à base carrée, *Fig.* 166. *ab* l'axe principal et *cd* un des deux axes secondaires. Si ce prisme n'offre aucune modification, il sera impossible de déterminer le rapport de ses deux axes. Soit *to* une facette modifiante. Nous avons vu que cette facette était produite par le retrait d'un certain nombre de rangées de molécules en hauteur et en

largeur. *Supposons* que le retrait soit produit par une molécule en largeur sur une en hauteur, nous aurons alors la proportion suivante :

la hauteur d'une molécule : sa largeur :: om : im

ou :: $\sin oim$: $\cos oim$;

si le retrait était produit (ce que nous ignorons) par 1 molécule en hauteur sur 2 en largeur, on aurait alors :

la hauteur : 2 fois la largeur :: om : im

ou :: $\sin oim$: $\cos oim$.

Nous pourrions encore faire d'autres suppositions, et nous arriverions (comme pour le poids des atomes) à cette conclusion :

l'axe principal : l'axe secondaire

:: om : 1, 2, 3, 4, $\frac{1}{2}$, $\frac{1}{3}$, $\frac{1}{4}$... im.

Si om : im :: 100 : 32,

l'on aura, dans la première supposition,

l'axe principal : l'axe secondaire :: 100 : 32,

dans la seconde,

l'axe principal : l'axe secondaire :: 100 : 16,

dans les autres,

l'axe principal : l'axe secondaire :: 100 : 64, etc.

Pour choisir entre le poids de l'atome d'hydrogène 12,5 ou 6,25, on se laisse guider par l'ensemble des combinaisons. Il en est de même pour le poids de l'atome du soufre. Si l'on suppose que ce dernier = 200, on a la série suivante :

acide hyposulfureux SO

« sulfureux SO^2

« hyposulfurique S^2O^2

« sulfurique SO^3 ;

si l'on choisissait le nombre 608 pour l'atome du soufre, la série précédente deviendrait

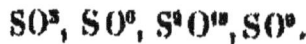

$$SO^3, \ SO^6, \ S^4O^{12}, SO^9.$$

La simplicité des rapports détermine (à défaut d'autres renseignements) le chimiste à choisir la première série.

Pour choisir entre les nombres 32, 16, 64 pour la grandeur de l'axe secondaire, on examinera, s'il est possible, plusieurs espèces de modifications, soit sur le même cristal, soit sur d'autres cristaux de la même substance. Soit P (fig. 467) un autre cristal de la même substance, offrant une facette *rs*, on aura encore, si nous supposons le décroissement opéré par une molécule en hauteur sur une en largeur,

Fig. 467.

l'axe principal : l'axe secondaire::*st*:*tr*::sin *srt*:cos *srt*

Mais il pourrait y avoir dans le retrait une molécule en hauteur, sur 2, 3 en largeur; c'est encore ce que nous ignorons. En tous cas, admettons que l'expérience ait fait voir que *st* : *th* :: 100 : 128

Admettons encore que d'autres modifications nous aient donné le rapport de 100 à 64.

Nous avons donc 3 modifications qui donnent les rapports suivants :

$$100 : 32$$
$$100 : 64$$
$$100 : 128.$$

Si, dans le premier cas, le retrait a eu lieu par une molécule en largeur sur une en hauteur, les 2 axes sont entre eux :: 100 : 32; alors dans le second, les retraits ont nécessairement eu lieu par 1 molécule en hauteur sur 2 en largeur, et dans le troisième, par 1 sur 4, nous avons donc la série suivante : (H axe principal, S axe secondaire)

$$H S$$
$$H S^3$$
$$H S^4.$$

Admettons que, dans le premier cas, le retrait ait eu lieu par 3 molécules en hauteur sur 5 en largeur, alors on a la série suivante pour les 3 modifications :

$$H^3 S^5$$
$$H^3 S^{10}$$
$$H^3 S^{20}.$$

A cause de sa simplicité, on choisira la première série qui donne pour la dimension relative des deux axes les nombres 100 et 32.

Mais, outre la série des combinaisons, les chimistes possèdent encore d'autres moyens pour se déterminer dans le choix de tel nombre plutôt que tel autre, pour le poids de l'atome de l'hydrogène (le volume, la chaleur spécifique, l'isomorphisme).

Les cristallographes ont aussi souvent un moyen qui leur permet de choisir entre plusieurs rapports possibles ; c'est, dans quelques cas, le clivage et, dans d'autres, simplement la détermination du système cristallin.

Si les modifications font voir que le cristal appartient au système cubique, alors la grandeur relative des trois axes est connue. Si le cristal appartient au prisme droit à base carrée, on connaît 2 de ses axes; il ne reste plus que le troisième à déterminer.

Si le cristal se clive suivant 3 directions perpendiculaires, on n'en peut tirer aucune conclusion relativement à la grandeur de ses axes. Mais si le clivage a lieu suivant 4 directions qui conduisent à un octaèdre, et si l'on sait, d'autre part à quel système appartient le cristal, il est, clair que l'on aura le rapport des 3 axes en mesurant les angles de cet octaèdre ; car de la mesure des angles d'un octaèdre, on en déduit facilement les 3 diagonales intérieures ou les 3 axes.

Il serait inutile de nous étendre davantage sur ce sujet, car toutes les personnes qui connaissent la trigonométrie comprendront facilement comment on peut déterminer la grandeur des axes à l'aide des modifications ; elles verront que la mesure d'un seul angle d'un rhomboèdre suffit pour déterminer les axes ; qu'il faut la mesure d'une modification sur une arête de la base et d'une modification sur une arête verticale d'un prisme droit à base rectangulaire pour en déterminer les 3 axes, ou bien qu'il suffit de mesurer l'inclinaison d'une facette produite sur un des angles solides du prisme.

Du rapport qui existe entre la forme cristalline des corps et leur composition chimique.

Nous sommes partis de cette hypothèse, que toutes les molécules dans un même corps sont semblables entre elles, mais différentes de celles d'un autre corps, et que les formes de ces molécules diverses différaient entre elles seulement par la dimension relative de leurs arêtes ou par la valeur de leurs angles. Il s'ensuit que si les molécules d'un corps, du sel marin, par exemple, sont cubiques, elles ne pourront donner naissance qu'à des cristaux appartenant au système cubique, et jamais à des cristaux dérivés du système rhomboédrique. Il en sera de même pour des molécules rhomboédriques, elles ne donneront jamais naissance qu'à des cristaux du système rhomboédrique. Un même corps simple ou composé se présentera donc toujours sous la même forme, ou mieux sous des formes appartenant toujours au même système.

Et, de plus, dans un même système, les corps différents auront des cristaux qui différeront entre eux, non par le nombre de faces, mais par leur inclinaison ou par la dimension relative de leurs axes. Ainsi la magnésie carbonatée et la chaux carbonatée cristallisent l'une et l'autre en rhomboèdre ; mais, dans la première, les faces font entre elles des angles de 105° 5', tandis que dans la seconde, les angles sont de 107° 25'. D'après la loi de symétrie, ces deux rhomboèdres pourront donner naissance à des cristaux dérivés à vingt, trente et cent faces ; mais l'influence des angles des deux rhomboèdres se fera sentir dans tous les cristaux dérivés.

Les cristaux qui appartiennent au système cubique sont les seuls qu'on ne pourra distinguer les uns des autres ; tels sont ceux de l'alun, du fluorure de calcium, du diamant, du sel marin. Cependant cette distinction peut se faire si l'on a égard à la structure et à la forme dominante de ces corps. On appelle forme dominante d'un corps, celle que l'on rencontre dans presque tous les cristaux d'une même substance ; ainsi l'alun cristallise presque toujours en octaèdre régulier tronqué sur ses 6 angles. Si l'on n'a égard qu'aux troncatures, on peut dire que l'alun cristallise en cube. Mais comme les faces de l'octaèdre sont beaucoup plus grandes que celles du cube, l'octaèdre est donc la forme dominante de l'alun.

Le fluorure de calcium et le diamant se clivent en octaèdres. La forme dominante du fluorure est le cube, et celle du diamant est l'octaèdre. Le sel marin se clive en cubes, l'alun ne se laisse pas cliver.

Il y a quelques exceptions à la loi que nous venons d'établir, nous allons les examiner.

Isomorphisme et dimorphisme.

La chaux carbonatée se rencontre sous la forme d'un rhomboèdre ou de cristaux dérivés du rhomboèdre. Tous ces cristaux donnent, par le clivage, des rhomboèdres de 107° 25'. Cependant l'on trouve assez souvent la chaux carbonatée sous la forme d'un prisme droit à base rhombe qui ne se laisse plus cliver en rhomboèdre. Or le prisme droit rhomboïdal, et le rhomboèdre n'ont aucun rapport. Les cristaux de l'un ne peuvent pas, d'après la loi de symétrie, donner naissance aux cristaux dérivés de l'autre. Un corps peut donc avoir deux formes différentes. Cette conclusion n'est pas tout à fait exacte ; car la chaux carbonatée rhomboédrique et la chaux carbonatée prismatique, sont plutôt deux corps différents qui ont la même composition, mais leurs propriétés sont différentes. Ainsi, non-seulement ils n'ont pas la même forme, mais ils n'ont ni la même dureté, ni la même pesanteur spécifique ; ils ne se comportent pas de même sous l'influence de la chaleur, ils n'agissent pas de la même manière sur la lumière, etc.

On dit que la chaux carbonatée est *dimorphe*. Plusieurs corps sont aussi dimorphes, nous citerons les suivants : le soufre cristallisé par fusion et cristallisé dans le sulfure de carbone, le diamant et le graphite, les deux pyrites de fer, les deux acides titaniques, etc.

Des corps de composition différente ont souvent la même forme. Tels sont les nitrates de plomb et de baryte qui cristallisent en octaèdres réguliers ; les carbonates de chaux, de magnésie, de fer, de zinc et de manganèse, qui cristallisent en rhomboèdres. La similitude de forme est due à l'analogie de composition que présentent ces corps. On dit dans ce cas que ces corps sont *isomorphes*.

Cependant pour que deux corps soient isomorphes, il n'est pas nécessaire qu'ils aient absolument les mêmes angles. Il faut, d'abord qu'ils appartiennent au même système, et ensuite qu'il y ait peu de différence entre leurs axes. Ainsi la chaux carbonatée et la magnésie carbonatée, que nous avons citées plus haut, sont isomorphes, parce qu'elles cristallisent en rhomboèdres qui n'offrent pas plus de 1 à 2 degrés de différence.

De la forme des molécules.

Nous avons fait (page 5) une hypothèse sur ces formes; le clivage est venu la confirmer. Rien n'est plus simple, en effet, en voyant un cristal d'un corps simple se subdiviser à l'infini en fragments cubiques, que d'en conclure que les molécules sont elles-mêmes cubiques. Mais il n'en est plus de même lorsqu'il s'agit d'un corps composé. Comment concevoir, par exemple, qu'une molécule de soufre, qui est un octaèdre à base rhombe, et qu'une molécule de plomb, qui est cubique, puissent en se combinant, donner naissance à du sulfure de plomb qui cristallise en cube ? Comment concevoir que le soufre, corps simple, puisse cristalliser, tantôt dans le système prismatique droit à base rectangulaire, tantôt dans le système prismatique oblique ? On peut résoudre cette difficulté en supposant, avec Vollaston et Ampère, que les atomes des corps simples sont des sphères ou des ellipsoïdes, et que plusieurs de ces atomes se groupent d'une manière symétrique pour former des atomes composés, indivisibles par le clivage; ces groupes se comporteraient, dans les cristaux, comme les molécules sur lesquelles nous avons fait nos démonstrations; et on concevrait alors comment des atomes de soufre, en se groupant, tantôt d'une manière, tantôt d'une autre, peuvent former des molécules ou atomes composés, tantôt octaédriques, tantôt prismatiques obliques.

De l'élasticité dans les cristaux.

Lorsque l'on taille une lame circulaire, bien égale d'épaisseur, d'un corps parfaitement homogène, le système des lignes nodales, diamétrales, qu'on peut produire par l'ébranlement d'un des points de son contour, peut se placer dans toutes les directions, et les lignes nodales sont concentriques au contour de la lame. M. Savart a fait voir que lorsque la constitution n'est plus homogène, ces lignes nodales, diamétrales, ne se placent plus indifféremment suivant la position du lieu d'ébranlement Nous pouvons déjà prévoir que si l'on taille des plaques circulaires perpendiculairement, ou parallèlement, ou obliquement à l'axe d'un cristal, on n'obtiendra pas le même mode de vibration ; que si l'on taille ces plaques parallèlement aux faces du cube dont les trois axes sont égaux, on devra obtenir par la vibration le même son et le même système de lignes nodales, et qu'il n'en sera pas de même si on fait vibrer deux lames, l'une ayant été taillée parallèlement aux faces verticales d'un prisme à bases carrées, et l'autre l'ayant été parallèlement aux bases. Les figures 1, 2, 3 et 4, représentent différentes lames circulaires taillées dans un cristal de chaux carbonatée rhomboédrique.

Fig. 168,   169,   170,   171.

Une plaque taillée perpendiculairement à l'axe, donne

deux modes de lignes nodales, composés chacun de deux lignes droites rectangulaires (fig. 468), qui produisent sensiblement le même son. Une lame taillée parallèlement aux faces produit aussi deux systèmes de lignes nodales, mais l'un est rectangulaire et l'autre hyperbolique (fig. 469). Le système rectangulaire donne alors le son le plus grave. Une lame taillée sur un des angles solides latéraux, parallèlement à un rhomboèdre qui serait l'inverse du précédent, donne aussi 2 systèmes de lignes nodales (fig. 470). Mais le système rectangulaire donne le son le plus aigu. La figure 471 représente le système des lignes nodales dans une plaque taillée sur les arêtes latérales et parallèlement à l'axe.

Action de la chaleur sur les cristaux.

On sait qu'un corps , dont la constitution est homogène, se dilate également par la chaleur dans tous les sens. Si l'on se reporte à la constitution des cristaux , et si l'on se rappelle que l'attraction des molécules varie suivant les différents axes , on en conclura que dans le système cubique la dilatation doit être uniforme parallèlement aux trois axes ; que dans le système prismatique à bases carrées elle doit être égale parallèlement aux deux axes égaux horizontaux, et inégal suivant l'axe vertical ; qu'il doit en être de même pour les autres systèmes. Il s'ensuit que les angles d'un rhomboèdre varieront avec la température, puisque l'axe principal se dilatera plus ou moins que les autres.

Action des cristaux sur la lumière.

Toutes les fois qu'un rayon lumineux passe obliquement de l'air dans la plupart des corps non cristallisés, comme l'eau, le verre, etc., il se brise en se rapprochant de la normale et en suivant la loi de Descartes. Mais il n'en est plus de même lorsqu'il travers un corps cristallisé, et nous pouvons déjà prévoir que, suivant que le cristal appartiendra au système cubique, prismatique ou rhomboédrique, la lumière éprouvera des modifications différentes, non-seulement d'un système à un autre, non-seulement dans les différents corps qui appartiennent à un même système, mais encore suivant qu'elle traversera un même cristal dans telle ou telle direction.

On a observé que tous les cristaux, excepté ceux qui appartiennent au système cubique, sont susceptibles de forcer le rayon lumineux à se partager en deux faisceaux de sorte que si l'on regarde un petit objet à travers ces substances, dans certaines directions, on le verra constamment double. Cette action n'est pas due à la disposition des faces du cristal, mais bien à l'arrangement intime des molécules qui le composent, car si on fait tailler des faces dans le cristal sous d'autres inclinaisons, on voit encore les objets doubles à travers. On a remarqué que la lumière était modifiée symétriquement par rapport aux axes des cristaux, comme si la cause de ces modifications existait dans ces axes mêmes. Les cristaux qui ont un axe principal (le prisme à bases carrées, et le rhomboèdre) se comportent autrement que ceux qui ont trois axes différents.

CHALUMEAU.

Le chalumeau est un petit instrument simple et commode pour faire, sur une très-petite quantité de matière et en très-peu de temps, l'essai des minéraux et la plupart des opérations qui s'exécutent par la voie sèche dans les laboratoires. L'emploi de cet instrument est si avantageux qu'on peut reconnaître par son secours, avec promptitude, facilité et sans aucun frais, presque tous les métaux et leurs combinaisons. Pour n'en citer qu'un exemple, nous dirons qu'en moins de deux à trois minutes on peut démontrer la présence de tous les corps simples qui entrent dans la composition d'un des minéraux les plus compliqués, le cuivre gris, lequel renferme du soufre, de l'arsenic, de l'antimoine, du plomb, du fer, du cuivre et de l'argent; on peut même déterminer assez exactement la quantité de ce dernier métal.

Le chalumeau est employé depuis longtemps par les orfévres pour souder les petites pièces d'or et d'argent; mais il paraît que c'est Swab, chimiste suédois, qui, le premier, (en 1738) eut l'idée de l'appliquer aux recherches chimiques. Depuis cette époque, Cronstedt, Bergmann, Gahn et Berzélius en ont considérablement perfectionné l'emploi. L'on doit même à ce dernier savant un traité complet concernant l'usage de cet instrument.

Le chalumeau le plus simple et le premier dont on ait fait usage, est un tube conique en fer ou en laiton, recourbé à angle droit et terminé par un orifice très-étroit. Depuis que l'on a appliqué cet instrument à la minéralogie, on en a beaucoup varié la forme; mais l'expérience a fait connaître que le suivant est le meilleur :

Fig. 172.

Il se compose d'un tube conique T, en tôle vernie, ou en laiton, ou en pakfong, long de 20 à 25 centimètres; il est muni, lorsqu'il est en laiton, d'une embouchure en ivoire I; il s'adapte, par frottement, à un réservoir R, en étain, laiton ou pakfong, qui sert à condenser la vapeur d'eau lancée avec l'air par les poumons; à ce réservoir s'ajuste un petit tube L, terminé par un petit bec en platine P. Ce bec est percé d'un trou du diamètre d'une aiguille très-fine. Il est en platine, parce qu'étant sujet à s'obstruer, et ne pouvant être nettoyé à l'aide d'une aiguille qui en agrandirait le trou, on peut le nettoyer facilement, en le faisant rougir avec le chalumeau dépourvu de bec.

Manière de s'en servir.

Il faut, tenant l'instrument de la main droite, et l'extrémité I dans la bouche, en diriger le bec horizontalement et même un peu incliné de haut en bas, devant la flamme d'une bougie, sans cependant la toucher. Lorsqu'on vient à souffler dans le tube, le jet d'air recourbe la flamme du combustible, en lui donnant la forme d'un dard long et mince. C'est à l'action de ce dard, dont la température est très-élevée, qu'on expose le minerai à essayer. Mais il est indispensable de s'habituer à produire un jet continu et régulier; pour cela, il faut commencer par remplir sa bouche d'air, l'expulser ensuite dans le tube par l'action seule des muscles des joues, sans faire aucun effort de la poitrine. Pour renouveler cet air dans la bouche, il faut inspirer successivement par le nez, ce qui peut toujours se faire, avec un peu d'habitude, sans discontinuer le jet.

Nature du dard, et de ses effets.

La composition chimique du dard n'est pas homogène, et la température n'est pas uniforme dans toutes ses parties. Si l'on examine avec attention le dard, on verra dans l'intérieur une petite flamme bleue conique ; c'est vers son extrémité pointue que se trouve la plus haute température : pour s'en assurer, on saisit avec une petite pince une parcelle d'un minéral peu fusible (feldspath), et on la promène successivement dans toutes les parties de la flamme : ce n'est que vers la pointe bleue qu'elle entre en fusion. Le cône bleu est enveloppé d'une flamme brillante, étroite, qui s'étend assez loin au delà de la pointe bleue. Cette flamme renferme un excès de carbone et d'hydrogène, et sert à réduire les corps oxydés. Enfin, le tout est environné d'une flamme pâle qui s'étend ensuite en longueur bien au delà de la partie brillante et visible, comme elle ne renferme plus de corps combustibles, c'est dans son intérieur que l'on place les substances à oxyder. A l'aide de la flamme du chalumeau, on peut donc, à volonté, obtenir une haute température, oxyder ou désoxyder les combinaisons métalliques. Nous verrons plus bas comment on tire parti de ces diverses propriétés.

Comme il faut une certaine habitude pour reconnaître la partie oxydante et désoxydante de la flamme, nous recommandons l'expérience suivante, comme étant le meilleur exercice que l'on puisse se proposer pour s'habituer à manier le chalumeau.

6

Vers l'extrémité d'un long morceau de charbon, on
fait un petit creux suffisant pour recevoir une parcelle
d'étain de la grosseur d'un grain de blé, et on projette

Fig. 173.

le dard dessus, en tenant le charbon de la main gauche.

Si l'on expose l'étain vers l'extrémité obscure, il s'oxy-
dera en se recouvrant d'une croûte blanche terne et infusible ; si ensuite on l'avance dans la partie intérieure la
plus brillante, il se désoxydera en reprenant son aspect
métallique. Ce dernier effet est plus difficile à produire
que le premier.

Instruments nécessaires pour faire les essais.

1° Un morceau de charbon sans écorce. Celui de bois
blanc, à grain fin et sans fissures est le meilleur. Il sert
de support au minéral que l'on veut essayer, et à aider
la réduction des corps oxydés.

Fig. 174.

2° Une pince armée de deux lamelles de platine *l, l*;
elle sert à saisir de petites écailles des minéraux dont on
veut éprouver la fusibilité. Il ne faut jamais prendre avec
elle des composés susceptibles de dégager de l'arsenic
ou de se réduire à l'état métallique par l'action du chalumeau.

3° Un fil de platine de 8 à 10 centimètres de long et du diamètre d'une très-fine aiguille à coudre. Pour s'en servir on

recourbe une de ses extrémités en crochet, on l'humecte
avec un peu de salive afin de pouvoir y faire adhérer un
petit grain de borax ou d'un autre réactif, puis on y
ajoute la dixième ou la centième partie de son volume
du minéral à essayer réduit en poudre fine; on expose
le petit crochet, chargé du mélange, à l'action du dard;
le borax fond, et par le refroidissement il donne une perle
opaque ou transparente, incolore ou colorée, suivant la
nature du minéral.

4° Un petit mortier en agate, de 5 centimètres de
diamètre.

5° Un petit marteau d'acier avec son enclume qui est
un petit parallélipipède d'acier de 3 centimètres de côté
sur 15 millimètres d'épaisseur; ils servent à briser les
minéraux et à essayer si les culots métalliques obtenus
dans les essais sont malléables ou cassants.

6° Un barreau aimanté.

7° Une loupe.

Réactifs.

Les substances que l'on soumet à l'action du chalumeau y sont exposées tantôt seules sur le charbon, tantôt
mélangées avec divers réactifs sur le charbon ou sur le
fil de platine. Voici ceux que l'on emploie ordinairement:

1° Le *carbonate de soude* pur, desséché et pulvérisé.
Il s'emploie ordinairement sur le charbon, et il sert à
dégager les métaux de leurs combinaisons avec les acides
ou les corps électro-négatifs.

2° Le *cyanure de potassium;* il remplace dans certains
cas le carbonate de soude avec avantage, principalement
lorsqu'il s'agit d'opérer une réduction; l'oxyde d'étain
se désoxyde rapidement sous son influence.

3° Le *borax;* boursouflé et pulvérisé il sert à reconnaître les oxydes par la couleur qu'il prend lorsqu'on le

fond avec eux. L'essai se fait ordinairement sur le fil de platine.

4° Le *phosphate de soude et d'ammoniaque*; il sert comme le borax.

5° L'acide borique;

6° Le bisulfate de potasse fondu;

7° L'oxyde de cuivre;

8° Du fil de fer *doux* de la grosseur d'une fine aiguille;

9° Du plomb métallique pauvre en lamelles;

10° De l'étain en feuille;

11° Des os calcinés et pulvérisés;

12° Du nitrate de cobalt en dissolution;

13° Un petit flacon d'acide chlorhydrique;

14° Des bandelettes de papier de Fernambouc et de tournesol.

Il faut si peu de chaque réactif pour faire un grand nombre d'essais, qu'on peut les ranger tous, ainsi que les instruments indiqués plus haut, dans une trousse portative.

Manière d'opérer.

Pour déterminer la nature d'un minéral, il faut d'abord en examiner avec soin les propriétés physiques; la couleur, l'éclat, la transparence, le magnétisme, la couleur de la poussière, la dureté, la cassure, l'état cristallin, le clivage, etc., ensuite on en prend une quantité extrêmement petite et on lui fait subir les opérations suivantes:

Examen du minéral au chalumeau sur le charbon.

La parcelle du minéral placée dans une petite cavité pratiquée dans le charbon, doit être soumise soit à l'action oxydante soit à l'action désoxydante de la flamme. On examine s'il est peu ou très-fusible; si son aspect

change ; s'il devient magnétique dans la flamme désoxydante ; s'il dégage de l'odeur, des fumées ; s'il répand
autour de lui, sur le charbon, une poudre (auréole) colorée ou non, volatile ou non (il ne faut pas confondre
la cendre que donne le charbon avec l'auréole) ; si la
flamme se colore. Beaucoup de minéraux éclatent et se
dispersent quand on les chauffe ; pour éviter cet incon-
vénient, il faut les pulvériser et les humecter pour en
faire une pâte que l'on dessèche ensuite.

Examen par le carbonate de soude.

On prend une autre portion du minéral, qu'il faut ordinairement réduire en poudre fine, et on la mêle avec
3, 6 à 10 fois son volume de carbonate de soude ; on
place le mélange sur le charbon et l'on chauffe dans la
flamme désoxydante. On cherche ordinairement, par ce
moyen, à obtenir un métal ; mais souvent celui-ci est
entraîné par la soude dans les pores du charbon. Pour le
découvrir, il faut râcler la surface du charbon, mettre
la partie détachée dans le mortier d'agate, la triturer
en y ajoutant de l'eau, puis laver par décantation afin
d'entraîner le charbon. Le métal reste ordinairement dans
le mortier, sous la forme d'une poudre qui prend l'éclat
métallique par le frottement du pilon.

Le carbonate de soude sert encore à reconnaître les
combinaisons du chrome et du manganèse ; alors on
l'emploie sur le fil de platine.

Examen par le borax ou par le sel de phosphore
(phosphate de soude et d'ammoniaque).

L'essai se fait comme nous l'avons dit à l'article instruments (*fil de platine*).

Dans quelque cas, il faut d'abord griller le minéral

avant de le souffler avec le borax, principalement lorsque l'on a affaire à un sulfure, un arseniure, un antimoniure. Le grillage sert à oxyder les métaux, en même temps que l'on brûle le soufre, l'arsenic, l'antimoine, etc., le métal oxydé se dissout ensuite plus ou moins facilement dans le borax ou le sel de phosphore. Le grillage s'opère avec la flamme oxydante et le minéral pulvérisé se place sur le charbon, ou mieux sur une coupelle d'argile ou sur une feuille de mica. Il faut chauffer d'abord très-légèrement, car autrement le sulfure ou l'arseniure fondrait, et ne s'oxyderait plus que difficilement. Vers la fin de l'opération on peut chauffer plus fortement.

Les essais précédents suffisent le plus souvent pour déterminer la nature d'un minéral, nous allons maintenant indiquer quels sont les caractères que présentent les différents corps au chalumeau.

Procédés pour reconnaître les métalloïdes.

Pour abréger nous désignerons le carbonate de soude par N, le borax par B, le sel de phosphore par P, la flamme oxydante par Fo, la flamme désoxydante par Fd, le minéral par M.

Chlorures et chlorates.

On fond sur le charbon un mélange de 4 à 6 parties de P avec 1 partie d'oxyde de cuivre. On y ajoute ensuite le M, puis on chauffe de nouveau en faisant en sorte que le dard lèche horizontalement le mélange. Le dard, après avoir touché le mélange, s'élargit en prenant aussitôt une belle couleur bleue tirant sur le pourpre. Les chlorures et les chlorates sont solubles, excepté le chlorure d'argent, le protochlorure de mercure et quelques oxychlorures. Celui de plomb est très-peu soluble. Les chlorates bien desséchés se distinguent des chlorures en les projetant sur un charbon incandescent; les premiers fusent, les seconds non.

Iodures et iodates.

L'essai se fait comme pour les chlorures. La flamme se colore fortement en beau vert.

On peut encore les chauffer dans un petit tube bouché avec du bisulfate de potasse fondu, il se dégage des vapeurs violettes. Solubilité à peu près comme les précédents.

Bromures et bromates.

L'essai se fait comme pour les chlorures. La couleur de la flamme est intermédiaire entre celle que donnent les chlorures et les iodures.

Chauffés dans un petit tube bouché, avec du bisulfate de potasse fondu et un peu de peroxyde de manganèse, ils dégagent l'odeur et les vapeurs rouges du brome. Solubilité comme les chlorures et les chlorates.

Fluorures.

On les mêle avec du P préalablement fondu, et on place le mélange dans un petit tube coudé et ouvert aux deux bouts. On projette le dard, dans la partie inférieure du tube, sur ce mélange; il se dégage de l'acide hydro-

Fig. 175.

fluorique qui se condense sur les parois supérieures du tube, le corrode et le dépolit. Si l'on introduit une languette de papier de Fernambouc dans la partie supérieure du tube, il devient jaune.

Sulfures et sulfates.

Premier procédé. On les chauffe sur le charbon dans le Fo ; il se dégage ordinairement une odeur piquante d'acide sulfureux. Plusieurs sulfates ne dégageant pas d'odeur par ce procédé, on a alors recours au suivant qui ne manque jamais.

Deuxième procédé. On mêle le M avec N sur le charbon, on chauffe dans Fd ; on détache ensuite la masse scoriacée, ou le charbon si N y a pénétré ; on la place sur une pièce d'argent, puis on l'humecte légèrement soit avec de l'eau, soit avec une gouttelette d'acide hydrochlorique ; la pièce d'argent devient brune, et si l'on ajoute de l'acide, il se dégage une odeur d'œufs pourris.

Troisième procédé. On fond 4 à 6 parties de Na avec 1 partie de silice sur le charbon ou sur le fil de platine ; puis on met sur la perle une petite quantité de la substance à essayer et mouillée afin de la faire adhérer, et on chauffe dans Fd. Par le refroidissement la perle prend une couleur jaune ou rouge brun. Ce procédé convient pour les sulfates qui ne colorent pas les flux, pour les sulfates de potasse, de soude, de baryte, de strontiane, de chaux, de zinc. La couleur rouge-brune est due à la formation du foie de soufre. Tous les sulfures naturels sont insolubles. La plupart d'entre eux ont l'aspect métallique. Le sulfure de zinc a quelquefois un faible aspect métallique ; il est jaune brun plus ou moins foncé. Le sulfure de mercure est rouge. Les sulfates de potasse, de soude, d'ammoniaque, de zinc, de cuivre, de fer, de cobalt, d'alumine sont solubles. Les sous-sulfates de fer et d'alumine sont insolubles. Les sulfates de baryte, strontiane, chaux et plomb sont insolubles.

Les hyposulfates, les sulfites et les hyposulfites donnent au chalumeau les mêmes caractères que les précédents.

Les sulfites et les hyposulfites dégagent de l'acide sulfureux par l'addition de l'acide hydrochlorique.

Séléniures.

1° Au chalumeau, sur le charbon, ils dégagent une forte odeur de raifort ou de choux pourri ;

2° Avec Na et silice ils donnent la même couleur que les sulfures ;

3° Chauffés dans un tube ouvert aux deux bouts, le métal s'oxyde pendant qu'une partie du sélénium se volatilise et vient se condenser sur les parois du tube sous la forme d'une poudre rouge qu'il ne faut pas confondre avec le sulfure d'arsenic ; l'odeur peut servir à les distinguer.

Les séléniures sont insolubles et ils ont l'aspect métallique.

Tellurures.

1° Grillés sur le charbon, ils répandent une auréole blanche très-volatile. S'ils sont accompagnés d'autres métaux qui donnent aussi une auréole, on a alors recours au procédé suivant :

2° On les chauffe dans un tube coudé ouvert aux deux bouts (voy. *fluorures*) ; il se dépose sur les parois une poudre blanche, qui, étant légèrement chauffée, fond en gouttelettes transparentes avant de se volatiliser. Cette fusibilité de la poudre blanche sert à distinguer le tellure de l'antimoine ;

3° L'auréole blanche déposée sur le charbon colore fortement la flamme du chalumeau en beau vert foncé. L'antimoine la colore en bleu verdâtre très-pâle.

Les tellurures sont insolubles et ont l'aspect métallique

Nitrates.

Bien desséchés, ils fusent sur les charbons.

Chauffés dans un petit tube bouché avec du bisulfate de potasse et un peu de tournure de cuivre, ils dégagent des vapeurs rouges nitreuses.

Arseniures, arsénites, arséniates.

1° Au chalumeau sur le charbon, avec ou sans N, ils répandent une très-forte odeur d'ail;

2° Grillés dans le petit tube ouvert, ils donnent un sublimé blanc, qui, examiné au microscope, est composé d'octaèdres réguliers.

3° Les arsénites et les arséniates, mêlés avec de l'acide borique et chauffés dans un petit tube bouché, donnent un sublimé blanc d'acide arsénieux;

4° Les arsénites et les arséniates mêlés avec de l'acide borique et du charbon donnent un sublimé métallique.

Les arseniures ont l'aspect métallique.

Arséniosulfures.

On reconnaît le soufre par le procédé 2° avec Na. Quelques-uns donnent un sublimé jaune ou rougeâtre dans le tube bouché.

Les deux sulfures d'arsenic sont l'un jaune, l'autre rouge. Tous les deux se volatilisent complétement quand on les chauffe sur le charbon.

Les arséniosulfures ont l'aspect métallique.

Borates.

Après les avoir pulvérisés, on les mêle intimement avec du bisulfate de potasse, ou mieux avec un mélange de bisulfate de potasse et de fluorure de calcium. On humecte légèrement le tout, de manière à en faire une bouillie épaisse que l'on étale sur le charbon. Celui-ci absorbe l'humidité, et l'on obtient une lamelle que l'on saisit avec la pince de platine afin de l'exposer à la pointe bleue du dard; la flamme se colore pendant un court instant en vert jaunâtre. Cette coloration est due à la formation du fluorure de bore. Pour bien apercevoir la couleur verte, il faut obtenir un dard fin, peu lumineux, et se placer dans un lieu peu éclairé.

Si le borate bien pulvérisé est attaquable par l'acide sulfurique chaud, il faut, après l'avoir traité par cet acide, dans une petite capsule, y verser un peu d'alcool et l'enflammer. L'alcool brûle avec une flamme d'un vert doré.

Carbonates.

On ne possède pas de moyen pour les reconnaître au chalumeau. On y verse une goutte d'acide hydrochlorique, et ils font effervescence.

Quelques carbonates naturels ne font pas effervescence avec l'acide hydrochlorique ordinaire. Il faut alors étendre l'acide de 5 à 6 fois son volume d'eau, et au besoin chauffer dans un petit tube bouché. Les carbonates de baryte, de strontiane, de magnésie, de plomb et même de fer sont dans ce cas. La dolomie fait lentement effervescence.

Phosphates.

On ne connaît qu'un seul procédé qui demande beaucoup d'habitude.

On fond le minéral avec de l'acide borique sur le charbon. Lorsque la perle est fondue, on y plonge rapidement un fil de fer doux et très-fin. On coupe les extrémités du fil qui dépassent la perle, et l'on donne un bon coup de feu et pendant assez longtemps dans Fd. L'acide phosphorique, déplacé par l'acide borique, se réduit, et le phosphore attaque le fer, avec lequel il forme une combinaison fusible et cassante. Après le refroidissement, on enveloppe la perle dans du papier et l'on frappe légèrement dessus afin de la briser. On en retire soit un globule métallique, soit un petit morceau de fil de fer aminci vers ses extrémités et plus ou moins renflé au milieu. En le frappant sur l'enclume il doit se briser. Si le minéral ne renferme pas de phosphore, ou si l'opération a été mal faite, le fer s'aplatit sans se briser.

Les phosphates sont insolubles. Ils n'ont pas l'aspect métallique, si ce n'est un phosphate de fer et de manganèse qui en possède un très-faible.

Silicates.

4° On les fond sur le fil de platine avec P. La silice se sépare ordinairement sous la forme d'un squelette blanc opaque qui nage dans la perle transparente, si toutefois on a mis assez de P.

Cependant tous les silicates ne présentent pas ce caractère.

Le verre fondu devient ordinairement opaque par le refroidissement, ce qui n'arrive pas lorsque le minéral est de la silice pure.

2° On réduit le silicate en poudre impalpable, et on le mêle bien avec 5 à 6 fois son poids de N. On met le mélange dans une capsule de platine très-mince, que l'on saisit avec les pinces de platine, et l'on donne un bon coup de feu, à l'aide du chalumeau, sous la capsule placée au-dessus d'une lampe à alcool. Après le refroidissement de la matière fondue, on verse de l'eau et un peu d'acide hydrochlorique dans la capsule et l'on fait bouillir. Si c'est un silicate, il laisse une matière blanche, insoluble, un peu gélatineuse. Quelques silicates hydratés sont attaqués par l'acide hydrochlorique bouillant, qui laisse de la silice en gelée.

Oxydes.

On ne les reconnaît que par élimination, puis à leurs propriétés physiques, lorsqu'on a déterminé le métal.

Quelques oxydes naturels ont l'aspect métallique. Les oxydes d'étain, de fer, de manganèse et de titane ont ordinairement l'aspect métallique.

Hydrates.

On reconnaît la présence de l'eau dans les combinaisons en chauffant celles-ci dans un petit tube bouché. Les gouttelettes d'eau se condensent dans la partie supérieure du tube.

Carbures, combustibles.

Quelques-uns brûlent avec flamme et en répandant de l'odeur et de la fumée (houille, tourbe, succin, etc.). D'autres brûlent très-difficilement au chalumeau et ne brûlent même pas ; tels sont le diamant, le graphite et quelques variétés d'anthracite. On reconnaît ceux-ci en les pulvérisant et en les projetant avec du salpêtre dans la petite capsule de platine chauffée au rouge ; il y a aussitôt une vive déflagration.

Procédés pour reconnaître les métaux.

Toutes les fois que l'on a un sulfure ou un arseniure, il faut le griller avant de chercher à en retirer le métal, parce que l'on obtiendrait souvent, sans cette précaution, des culots cassants, à aspect métallique et qui ne seraient que des sulfures, séléniures, ou arseniures.

Or.

Les sels d'or donnent sur le charbon un culot jaune, fusible, très-malléable, inoxydable ; pas d'auréole.

Platine.

Les sels de platine, chauffés sur le charbon ou sur la coupelle d'argile, laissent une poudre grise infusible, inoxydable, qui prend l'aspect métallique sous le pilon.

Argent.

Tous les sels donnent avec Na sur le charbon, un culot blanc inoxydable, fusible, dur et très-malléable.

Lorsque l'argent est avec d'autres métaux (plomb, cuivre, etc.), il faut, après avoir grillé le minéral s'il est nécessaire, le fondre avec 8 à 10 fois son poids de plomb pauvre et un peu de Na sur le charbon. On retire le culot de plomb et on le place sur une coupelle que l'on fait de la manière suivante : on prend des os calcinés pulvérisés, on les humecte légèrement pour en faire une pâte très-consistante. On place celle-ci dans un assez grand creux fait dans le charbon, et on la tasse avec le pilon en lui donnant une surface concave. Après avoir desséché lentement cette coupelle, on y place le culot de plomb, que l'on chauffe fortement dans la flamme oxydante. Le plomb fond et s'oxyde. La litharge formée se volatilise en partie, et pénètre en partie dans la coupelle en y entraînant les métaux étrangers. A la fin de l'opération, il reste un petit culot d'argent, qui n'est souvent visible qu'à la loupe. Lorsque la coupelle est trop saturée d'oxyde de plomb, on arrête l'opération, on fait une autre coupelle et on y place le culot de plomb que l'on chauffe de nouveau. On peut prendre des fragments de coupelles dont se servent les essayeurs, on les creuse légèrement et on les place sur le charbon.

Mercure.

Ses sels sont volatils au chalumeau. On les mêle intimement avec N fondu et pulvérisé, et on chauffe le mélange dans un petit tube bouché; le mercure métallique se volatilise et vient se condenser sur les parois du tube sous la forme d'une poudre grise qui a l'aspect métallique si le mercure est assez abondant. S'il y a peu de mercure, on mouille l'extrémité d'une flèche de papier que l'on promène sur les parois du tube; la poudre grise se réunit souvent en globules métalliques; dans le cas contraire, après avoir retiré la flèche, on frotte, avec son extrémité, une lame de cuivre rouge bien propre (décapée), la lame blanchit.

Plomb.

Tous ses sels avec N, sur le charbon, donnent un culot gris blanc très-fusible, très-mou et malléable : auréole jaune rougeâtre. Le culot chauffé dans la Fo disparaît peu à peu.

Bismuth.

Avec N sur le charbon, ses sels donnent un culot blanc très-fusible, mais cassant : auréole jaune orangé. Le culot chauffé dans Fo disparaît peu à peu.

Étain.

Avec N, sur le charbon ou mieux avec le cyanure de potassium, ses sels donnent un culot blanc, très-fusible et malléable. Ce culot isolé de la scorie qui l'entoure, et chauffé sur le charbon, dans Fo, se recouvre d'une croûte blanche non volatile. Pas d'auréole.

Antimoine.

Ses sels donnent quelquefois avec N sur le charbon un culot blanc, très-fusible et très-cassant. Ce culot répand des fumées longtemps après que l'on a cessé de le chauffer, et il s'entoure d'un buisson d'aiguilles blanches. Si l'on n'obtient pas de culot, il se dépose toujours sur le charbon une grande auréole blanche qui est très-volatile (V. Tellurures).

Zinc.

Ses sels chauffés avec N sur le charbon dans Fd, ne donnent pas de culot ; il se dépose sur le charbon une auréole qui est jaune et phosphorescente à une assez douce chaleur, mais qui devient blanche par le refroidissement.

Cadmium.

Ses sels chauffés avec N sur le charbon, ne donnent pas de culot, mais une auréole brune. Les mines de zinc qui ne renferment que quelques centièmes de Cadmium, donnent une auréole brune.

Cuivre.

Avec N sur le charbon, ses sels donnent un culot métallique ou une grenaille très-fine qui pénètre dans les pores du charbon. Culot rouge, malléable, laissant dans le mortier, après avoir été frotté avec le pilon, des traces rouges métalliques. Avec B sur le fil de platine dans Fo perle verte ; dans Fd perle rouge brun. Cette dernière réaction s'obtient facilement quand on chauffe le mélange dans une coupelle d'argile. On obtient d'abord un verre vert. Si ensuite on y ajoute une parcelle d'étain, et si l'on chauffe rapidement, en faisant promener le globule d'étain sur la coupelle sous l'influence d'un vent assez fort, la coupelle se colore en rouge brun.

Par ce procédé, on reconnaît très-facilement la présence du cuivre dans la plus petite parcelle d'argent monnayé.

Le sel de P se comporte comme le borax.

Urane.

Avec B dans Fo perle jaune, sur le fil de platine. Perle vert sale dans Fd. Avec P perle verte dans les deux flammes.

Chrome.

Avec N sur le fil de platine, donne une perle jaune opaque. Avec B et P une perle verte dans les deux flammes.

Cobalt.

Avec N sur le charbon, les sels donnent une poudre grise métallique qu'il faut aller chercher dans les pores du charbon. Après la trituration, le lavage et la décantation, il reste une poudre grise qui prend l'aspect métallique sous le pilon et qui est magnétique.

Avec B et P sur le fil de platine, perle d'un beau bleu dans les deux flammes.

Nickel.

Avec N sur le charbon, se comporte comme le cobalt : B, sur le fil de platine, donne une perle qui est rouge à chaud, et incolore à froid dans Fo; grise dans Fd.

P donne une perle rouge à chaud et incolore à froid dans les deux flammes.

Fer.

Ses sels chauffés seuls, ou avec N, sur le charbon dans la Fd, deviennent magnétiques.

B et P donnent dans Fo une perle qui est rouge à chaud, devient jaune en se refroidissant, puis incolore à froid. Dans Fd on obtient ordinairement une perle qui est d'un vert bouteille pâle.

Manganèse.

Avec N sur le fil de platine, donne une perle opaque d'un bleu verdâtre (Turquoise).

P et B donnent dans la Fo une perle améthiste; s'il y a trop de manganèse la perle est noire ; incolore dans Fd.

Molybdène, tungstène, titane, cérium.

Voyez les tableaux.

Alumine.

Ses sels humectés avec du nitrate de cobalt, et fortement chauffés, prennent une belle couleur bleue. Plusieurs corps donnent aussi une couleur bleue avec le nitrate de cobalt. Mais cette coloration sert principalement à distinguer l'alumine de la magnésie.

Magnésie.

Avec le nitrate de cobalt, ses sels donnent une couleur rougeâtre très-pâle.

Ammoniaque.

La plupart de ses sels sont complétement volatils au
chalumeau. Le borate et le phosphate laissent de l'acide
borique et phosphorique. Chauffés dans un tube bouché
avec N, dégagent une forte odeur d'ammoniaque. Une ban-
delette de papier de tournesol rouge plongée dans le tube
devient bleue.

Potasse.

Tous ses sels sont solubles; un grain de Na dissous,
n'y occasionne pas de précipité.

Le nitrate, le chlorure, le carbonate chauffé sur le fil
de platine, colorent la flamme en violet très-pâle qui se
remarque principalement quand on l'oppose à la coloration que donnent les sels analogues de soude chauffés à
l'autre extrémité du fil de platine.

Soude.

Sels solubles; avec N pas de précipité.

Le nitrate, le chlorure, le carbonate et quelques autres
sels chauffés sur le fil de platine colorent le dard en rouge
jaunâtre. Le dard paraît prendre plus de volume. Une

petite quantité de soude dans un sel de potasse détruit la couleur que ce dernier communique à la flamme.

Baryte, strontiane et chaux.

Leurs sels se reconnaissent en partie par élimination.

Baryte.

Un petit fragment de ses sels, saisi dans la pince de platine, même le sulfate, colore la pointe bleue du dard en vert très-pâle. Il faut se placer dans un lieu peu éclairé.

Strontiane.

Ses sels, même le sulfate, colorent la flamme en rouge pourpre; le nitrate et le chlorure assez fortement, le sulfate faiblement.

Chaux.

Ses sels, surtout le carbonate, répandent un éclat éblouissant lorsqu'on les chauffe fortement à l'extrémité de la pointe bleue du dard.

Couleur du BORAX sur le fil de platine ou le charbon.

NOMS DES CORPS.	FLAMME OXYDANTE.	FLAMME DÉSOXYDANTE.
Incolore dans les deux flammes.		
Potasse.	Glucine.	Thorine.
Soude.	Ittria.	Silice.
Lithrine.	Zircone.	Étain.
Baryte.	Tantale.	
Strontiane.	Zinc.	
Chaux.	Cadmium.	
Magnésie.	Alumine.	
Oxydes : de molybdène.	Incolore.	Brun ou brun rouge.
de tungstène.	Id.	Jaune à chaud, brun à froid.
de tellure.	Id.	Gris opaque.
de bismuth.	Id.	Gris opaque.
de titane.	Id.	Violet ou bleu noir s'il y a trop d'oxyde.
d'antimoine.	Jaune à chaud, incolore à froid.	Gris opaque.
de plomb.	Jaune, devient incolore à froid.	Donne du plomb.

NOMS DES CORPS.	FLAMME OXYDANTE.	FLAMME DÉSOXYDANTE.
Chrome.	Vert.	Beau vert.
Cuivre.	Vert.	Rouge brun.
Urane.	Jaune.	Vert sale.
Cérium.	Rouge à chaud, puis jaune et incolore à froid.	Incolore.
Nickel.	Rouge à chaud, incolore à froid.	Gris opaque.
Fer.	Rouge à chaud, puis jaune et incolore à froid.	Vert bouteille.
Manganèse.	Violet, améthyste.	Incolore.
Cobalt.	Bleu.	Bleu.

Couleur du Sel de Phosphore sur le fil de platine ou de charbon.

NOMS DES CORPS.	FLAMME OXYDANTE.	FLAMME DÉSOXYDANTE.
Molybdène.	Incolore.	Vert.
Tungstène.	Id.	Bleu (rouge s'il renferme du fer).
Tellure.	Id.	Gris.
Titane.	Id.	Violet (rouge s'il renferme du fer).
Bismuth.	Jaune, incolore à froid.	Gris.
Chrome.	Vert.	Vert.
Cuivre.	Vert.	Brun ou brun rouge.
Antimoine.	Incolore.	Incolore (rouge s'il renferme du fer).
Urane.	Vert.	Vert.
Plomb.	Incolore.	Incolore.
Cérium.	Rouge à chaud, presque vert à froid.	Incolore.
Nickel.	Id.	Rouge à chaud, incolore à froid.
Fer.	Id.	Vert.
Manganèse.	Améthyste.	Incolore.
Cobalt.	Bleu.	Bleu.
Argent.	Jaune opalin.	Gris ou incolore.

Division dichotomique pour reconnaître les minéraux.

Avant de prendre cette division, il faut d'abord faire les principaux essais sur le minéral, le chauffer seul, puis avec le carbonate de soude, le borax et le sel de phosphore.

Il arrive souvent, à l'aide de la division dichotomique, qu'il faut faire des essais plus ou moins délicats, pour arriver au nom d'une substance que l'on pourrait reconnaître d'un seul coup de chalumeau. On peut toujours supposer que le corps que l'on essaye n'est ni un borate, ni un phosphate, ni un séléniure, ni un fluorure et passer par-dessus les numéros qui renvoient à ces sels. Si alors on n'arrive pas au nom de la substance, on revient sur ses pas pour chercher si c'est un des sels précédents.

C, charbon ; Fo, flamme oxydante ; Fd, flamme désoxydante ; N, carbonate de soude ; P, phosphate de soude ou d'ammoniaque ; B, borax ; Bik, bisulfate de potasse.

1 { Sur C (Fd) avec ou sans N dégage une odeur d'ail. 2

Non. 4

2 { Avec N (Fd) sur C, donne une scorie qui, humectée et mise sur une pièce d'argent, la tache en brun. . . . . *Arséniosulfures.* 131

Non. 3

3 { Aspect métallique. . . . . *Arséniures.* 131

Non. . . . . *Arsénites et arséniates.* 131

8

13 { Chauffé avec P dans un tube ouvert et coudé, donne une vapeur qui dépolit le verre.....
..........................*Fluorures*. 102
Non. 14

14 { Avec P et l'oxyde de cuivre, colore la flamme en beau bleu pourpre.................... 15
En beau vert...................... 16

15 { Chauffé en assez grande quantité, avec un peu de Na sur C, donne une scorie qui, mêlée avec Bik et un peu de peroxyde de manganèse, et chauffée dans un tube dégage des vapeurs rouges............... *Bromures*. 102
Non..................... *Chlorures et ates* 102

16 { Chauffé un peu de N sur C donne une scorie qui, mêlée avec Bik et du peroxyde de manganèse, et chauffé dans un tube, dégage des vapeurs violettes. .... *Iodures*. 102
Vapeurs rouges................ *Bromures*. 102

17 { Avec acide chlorhydrique fait effervescence..
.... *Carbonates*. 102
Non. 18

18 { Après avoir été pulvérisé, chauffé dans un tube avec acide hydrochlorique faible, fait effervescence................. *Carbonates*. 102
Non............ 19

19 { Pulvérisé et chauffé avec acide hydrochlorique concentré, donne un résidu gélatineux.... 30
Non............................... 20

20 { Fondu avec N sur C, ne donne ni culot métallique ni auréole...................... 21
Donne un culot ou une auréole............ 22

21 {
Trituré avec Bik, du fluorum de calcium et
une goutte d'eau, forme une pâte qui, séchée
et chauffée entre les pinces de platine, colore
pendant un instant la flamme en vert doré
pâle............................ *Borates.* 102

Non.................................... 23
}

22 {
La scorie sodique chauffée dans la cuiller de
platine (ou dans une petite capsule) avec
une goutte d'acide sulfurique, puis arrosée
d'alcool, donne une flamme colorée en vert
doré........................... *Borates.* 102

Non.................................... 23
}

23 {
Chauffé avec Bik dans un tube ouvert et
coudé, donne une vapeur qui dépolit le verre
.... *Fluorures.* 102

Non.................................... 24
}

24 {
Chauffé avec N sur le charbon, donne un culot
métallique fondu...................... 25

Non.................................... 27
}

25 {
Chauffé seul sur le charbon, donne un globule
qui se recouvre de facettes en se refroidissant,
et répand en même temps un éclair; avec N
culot mou........... *Phosphate de plomb.*

Non.................................... 26
}

26 {
La scorie sodique fondue avec l'acide borique
et le fil de fer sur C, donne du fer cassant en
partie fondu (Fd).............. *Phosphates.* 102

Non.................................... 28
}

27 {
Fondu avec de l'acide borique et du fil de fer
(Fd) sur C, donne du fer cassant en partie
fondu...................... *Phosphates.* 102

Non.................................... 28
}

28 { Avec N sur le charbon donne un culot
métallique fondu ou une grande auréole... 34
Non. 29

29 { Pulvérisé et fondu avec cinq à six fois son poids
de N dans la cuiller de platine, donne une
matière qui, chauffée dans un tube ou une
capsule avec un peu d'eau , puis traitée par
l'acide hydrochlorique, donne un précipité
gélatineux. 30
Non. 34

30 { Le précipité gélatineux encore humide, placé
sur une lame de fer ou de zinc, devient bleu
.... *Tungstates*. 137
Non.................... *Silicates*. 140

31 { Aspect métallique........................ 32
Non. 57

32 { Sur le charbon, donne un culot fusible, malléable et inoxydable. 33
Non. 36

33 { Culot jaune. 34
Culot blanc 35

34 { Avec B sur la coupelle d'argile (Fe), donne un
verre vert bleuâtre..........*Or cuprifère*.
Non.................... *Or*.

35 { Avec B sur la coupelle d'argile (Fe), donne un
verre vert bleuâtre.......*Argent cuprifère*.
Non. .... *Argent*.

36 { Chauffé avec B sur la coupelle d'argile , donne
un verre bleu dans les deux flammes. *Cobalt*.
Non. 37

48 { Avec B donne une perle améthyste Fo.......
.... *Manganèse*.
Non. 49

49 { Après avoir été oxydé donne avec B, sur le fil
de platine (Fd), une perle jaune à chaud, et qui
par le refroidissement, devient verdâtre. *Fer*.
Incolore..........................·..... *Nickel*.

50 { Avec N sur C (Fd), culot d'étain malléable...
.... *Oxyde d'étain*.
Non. 51

51 { Avec B dans les deux flammes sur le fil de platine, perle verte (Oxyde).... *Fer chromé*.
Non. 52

52 { Avec Na sur le fil de platine (Fo), une perle
opaque bleu verdâtre.................... 53
Non. 54

53 { Avec B ou P sur le fil de platine (Fo) donne une
perle améthyste... *Peroxyde de manganèse*.
Non. Poussière brune (Wolfram)...........
.... *Tungst. de fer et de manganèse*.

54 { Avec P sur le fil de platine (Fd), donne une
perle qui devient de plus en plus rouge par
le refroidissement............... *Fer titané*.
Non, donne les réactions du fer............ 55

55 { Calciné dans un tube dégage de l'eau, poussière jaune.................... *Fer hydraté*.
Pas d'eau................................. 56

56 { Magnétique, poussière noire (aimant).......
.... *Fer oxydulé*.
Non, poussière rouge (Oligiste) *Peroxyde de fer*.

68 { Auréole brune.......... *Oxyde de cadmium.*
   { Non... 60

69 { Matière rouge ou jaune, chauffée dans un tube,
   { donne du mercure métallique...............
   { ....*Oxyde de mercure.*
   { Matière blanche, devenant jaune quand on la
   { chauffe et incolore par le refroidissement...
   { .... *Oxyde de zinc.*

70 { Avec B Fo et Fd perle bleue...............
   { ....*Oxyde de cobalt.*
   { Non 71

71 { Perle verte dans les deux flammes.......... 72
   { Non... 77

72 { Soluble..................................... 73
   { Insoluble................................... 74

73 { Rouge orangé......... *Bichromate de potasse.*
   { Jaune...... *Chromate de potasse ou de soude.*

74 { Aspect faiblement métallique, ou gris noir...
   { ....*Fer chromé.*
   { Poudre verte.......... *Oxyde de chrome.*

75 { Culot blanc.................*Oxyde d'étain.*
   { Culot rouge 76

76 { Poussière rouge ou brune..................
   { ....*Protoxyde de cuivre.*
   { Poussière noire...... *Deutoxyde de   id.*

77 { Une perle verte dans Fo et rouge brun dans Fd. 76
   { Non.. 78

78 { Une perle améthyste dans Fo............. 79
   { Non.. 80

79 { Dégage de l'eau dans un tube.............
   { .... *Hydrates de manganèse.*
   { Non................ *Oxyde de   id.*

89 { Chauffé avec du nitrate de cobalt se colore en
      rouge de chair............... *Magnésie*.
    Non...................................... 90

90 { Chauffé seul répand un éclat éblouissant.....
      .... *Chaux*.
      Non, et colore légèrement la flamme en vert
      pâle........................... *Baryte*.

91 { Chauffé avec du nitrate de cobalt se colore en
      beau bleu.................... *Alumine*.
    Non...................................... 92

92 { Se colore en rose pâle........... *Magnésie*.
    Non..................................... 93

93 { Se colore en vert........... *Oxyde de zinc*.
    Non..................................... 94

94 { Avec P dans Fo donne une perle incolore, et
      dans Fd une perle d'un beau bleu......... 95
    Non...................................... 97

95 { Chauffé dans un tube dégage une odeur ammo-
      niacale, et devient bleu ou verdâtre.......
      .... *Tungstate d'ammoniaque*.
    Non...................................... 96

96 { Chauffé sur le charbon ne fond pas.........
      .... *Acide tungstique*.
    Fusible.... *Tungstates de potasse ou de soude*.

97 { Avec P (Fo) perle incolore à froid. Fd, perle qui
      devient d'abord bleuâtre ou noirâtre, puis
      verte lorsqu'elle est refroidie............
      .... *Acide molybdique*.
    Non...................................... 98

98 { Avec P, Fd donne un verre qui paraît jaunâtre
      à chaud, puis rouge, et qui devient bleu vio-
      let par le refroidissement.... *Acide titanique*.
    Non...................................... 99

*Nitrates, chlorates, bromates, iodates, carbonates, phos-
phates, borates, chlorures, bromures, iodures, oxydes,
hydrates.*

107 { Grande auréole blanche très-volatile........
.... *Sels d'antimoine.*
Auréole jaunâtre orangée.................. 108

108 { Culot mou malléable.........*Sels de plomb.*
Culot cassant............*Sels de bismuth.*

109 { Avec N sur C dans Pd, donne une auréole... 110
Non.................................. 112

110 { Grande auréole blanche très-volatile........
.... *Sels d'antimoine.*
Non.................................. 111

111 { Auréole brun jaune........*Sels de cadmium.*
Auréole jaune à chaud et incolore à froid....
.... *Sels de zinc.*

112 { Sans Na sur C donne une poudre grise, infusible, qui prend l'éclat métallique sous le pilon................. *Sels de platine.*
Non.................................. 113

113 { Chauffé avec N dans un tube dégage du mercure................... *Sels de mercure.*
Non.................................. 114

114 { Avec N dans un tube dégage une odeur ammoniacale............*Sels d'ammoniaque.*
Non.................................. 115

115 { Avec B ou P dans les deux flammes donne une perle bleue.............*Sels de cobalt.*
Non.................................. 116

116 { Une perle verte dans les deux flammes.......
.... *Sels de chrome.*
Non.................................. 117

9

117 { Une perle verte dans Fo et brun rouge dans Fd.
......................Sels de cuivre.
Non.................................. 118

118 { Avec N sur C donne une poudre métallique
qui après le lavage, prend de l'éclat sous le
pilon et est magnétique................. 119
Non, magnétique....................... 120

119 { Avec B dans Fd donne une perle vert bouteille.
.... Sels de fer.
Une perle grisâtre........... Sel de nickel.

120 { Avec B dans Fo une perle améthyste........
.... Sels de manganèse.
Non.................................. 121

121 { Matière infusible et donnant avec le nitrate de
cobalt, sans fondre, un beau bleu........
.... Sels d'alumine.
Donnant un rose pâle...... Sels de magnésie.
Non.................................. 122

122 { Dissolution qui donne un précipité par l'addition d'un grain de N..................... 123
Non.................................. 124

123 { Chauffé sur le fil ou la pince de platine, colore
la flamme en vert pâle......Sels de baryte.
En rouge purpurin.........Sels de strontiane.
Ne la colore pas en rouge jaunâtre, mais répand beaucoup d'éclat..... Sels de chaux.

124 { Sur le fil de platine colore la flamme en violet
pâle..................... Sels de potasse.
En rouge jaunâtre...........Sels de soude.

Combinaisons sulfurées.

126 {
Après avoir grillé le sulfure, on cherchera le métal au n° 102; il n'est pas toujours nécessaire de griller le sulfure pour reconnaître le métal. Ce grillage n'est quelquefois nécessaire que lorsque l'on veut traiter la matière par Na, afin d'obtenir un culot métallique pur.

Le sulfure d'antimoine fond avec une extrême facilité en s'étalant sur le charbon........

127 {
Sulfates, hyposulfates, sulfites, hyposulfites et sulfures naturels de zinc et de mercure, et tous les sulfures artificiels obtenus par voie humide.

Ces sulfures se distingueront des combinaisons oxydées par leur couleur. Les combinaisons sulfurées zinciques sont incolores, excepté le sulfure zincique naturel qui est brun, jaunâtre, ordinairement clivable. Le sulfure précipité se distinguera par son insolubilité, ou par une goutte d'acide chlorhydrique, qui en dégagera l'odeur des œufs pourris........ 128

Combinaisons arsénicales.

137 {
Matière très-facilement volatile............
.... Acide arsénieux.
Non arsénite et arséniate. On cherchera le métal au n° 102, mais il faudra préalablement les chauffer alternativement dans la flamme oxydante et désoxydante pour chasser la plus grande partie de l'arsenic. On ne distinguera pas facilement les sels de potasse de ceux de soude, et les sels de baryte de ceux de chaux et de strontiane.
}

Combinaisons séléniées.

138 {
Aspect métallique.............. Séléniures.
Non; sélénites et atcs, mêmes remarques que pour les combinaisons sulfurées du n° 125; on cherchera le métal au n°............ 102
}

Tungstates.

139 {
Avec N sur le fil de platine Fo, donne une couleur bleu verdâtre............ Wolfram.
Non...................................... 138
}

140 {
Chauffé dans un tube avec N, dégage l'odeur de l'ammoniaque.......... T. d'ammoniaque.
Non...................................... 139
}

141 {
Soluble...... Tungstate de potasse ou de soude.
Insoluble.......... T. de chaux, baryte, etc.
}

Silicates.

142 Les silicates ne peuvent pas se distinguer les unes des autres à l'aide du chalumeau seulement. Cependant on pourra toujours y reconnaître la présence du fer, du cobalt, du chrome, du zinc, du plomb, etc., par les procédés indiqués au n° 102. Quant aux silicates qui renferment les alcalis et les terres alcalines, ce n'est qu'à l'aide de la dureté, de la forme, du clivage, de la couleur, etc., que l'on peut les distinguer les uns des autres. Néanmoins le chalumeau est d'un grand secours pour ces combinaisons. Ainsi la silice se distingue du feldspath par son infusibilité. Les silicates magnésiens prennent, par le nitrate de cobalt une couleur rouge pâle, tandis que les silicates alumineux deviennent bleus; plusieurs zéolithes fondent en bouillonnant, etc.

FIN.

TABLE DES MATIÈRES.

FIN DE LA TABLE.